走近新科学

能　源

主　编: 曹　恒
撰　稿: 陈福英　左自芳
　　　　聂琴芳

吉林出版集团股份有限公司
全国百佳图书出版单位

图书在版编目(CIP)数据

能源 / 曹恒主编. -- 2 版. -- 长春 : 吉林出版集团股份有限公司, 2011.7 (2024.4 重印)

ISBN 978-7-5463-5746-1

Ⅰ. ①能⋯ Ⅱ. ①曹⋯ Ⅲ. ①能源–青年读物②能源–少年读物 Ⅳ. ①TK01-49

中国版本图书馆 CIP 数据核字(2011)第 136906 号

能源 Nengyuan

主　　编	曹　恒
责任编辑	息　望
出版发行	吉林出版集团股份有限公司
印　　刷	三河市金兆印刷装订有限公司
版　　次	2011 年 12 月第 2 版
印　　次	2024 年 4 月第 7 次印刷

开　　本　889mm×1230mm 1/16　印张 9.5　字数 100 千

书　　号　ISBN 978-7-5463-5746-1　定价 45.00 元

公司地址　吉林省长春市福祉大路 5788 号　邮编 130000

电　　话　0431-81629968

电子邮箱　11915286@qq.com

编者的话

科学是没有止境的，学习科学知识的道路更是没有止境的。作为出版者，把精美的精神食粮奉献给广大读者是我们的责任与义务。

吉林出版集团股份有限公司推出的这套《走进新科学》丛书，共十二本，内容广泛。包括宇宙、航天、地球、海洋、生命、生物工程、交通、能源、自然资源、环境、电子、计算机等多个学科。该丛书是由各个学科的专家、学者和科普作家合力编撰的，他们在总结前人经验的基础上，对各学科知识进行了严格的、系统的分类，再从数以千万计的资料中选择新的、科学的、准确的诠释，用简明易懂、生动有趣的语言表述出来，并配上读者喜闻乐见的卡通漫画，从一个全新的角度解读，使读者从中体会到获得知识的乐趣。

人类在不断地进步，科学在迅猛地发展，未来的社会更是一个知识的社会。一个自主自强的民族是和先进的科学技术分不开的，在读者中普及科学知识，并把它运用到实践中去，以我们不懈的努力造就一批杰出的科技人才，奉献于国家、奉献于社会，这是我们追求的目标，也是我们努力工作的动力。

在此感谢参与编撰这套丛书的专家、学者和科普作家。同时，希望更多的专家、学者、科普作家和广大读者对此套丛书提出宝贵的意见，以便再版时加以修改。

目 录

能　源

含有能量的资源简称为能源。《大英百科全书》对能源的解释为："能源是一个包括所有燃料、流水、阳光和风的术语，人类采用适当的转换手段，给人类自己提供所需的能量。"

能源种类繁多。原油是一种能源，因为它可以提炼出汽油、煤油和柴油等，可为汽车、飞机、坦克提供动力。煤炭是人们经常用的能源，经过燃烧后放出大量的热能可推动机械做功或发电。风也是一种能源，它可以为风车、帆船、风力发电站提供机械能。太阳光可提供热能，称为太阳辐射能，简称太阳能。在自然界里，能源的提供与表现有两种情况：一种是提供某种形式能量的物质，例如，大家熟悉的柴草、煤炭、石油和石油加工出来的产品，还有天然气、核能等，都属于此类；另一种则是由于物质运动提供的能源，如风、流水、海潮、波浪、地热等，均为此类。

能源按其形态特性可分为：固体燃料、液体燃料、气体燃料；按其转换和利用的层次可分为：水能、核能(通常指核裂变能)、电能、太阳能、风能、生物质能、地热能、海洋能、核聚变能。

一、二次能源

一次能源是在自然界中现成存在的能源，即从自然界直接取得，不改变其基本形态的能源。如煤炭、石油、天然气、水力、核燃料、太阳能、生物质能、海洋能、风能、地热能等，它们在未被开发之前，处于自然赋存状态，称为能源资源。世界上各国的能源产量和消费量，一般均指一次能源来说的。一次能源经过加工，转换成另一种形态的能源称为二次能源。主要有电力、焦炭、煤气、蒸汽、热水以及汽油、煤油、柴油、重油等石油制品。一次能源无论经过几次转换所得到的另一种能源，即称为二次能源。

一次能源按其形成和特点，又可分为三大类：

第一类是来自地球以外天体的能量，主要是太阳，这一类能源包括煤炭、石油、天然气、油页岩等。它们是古代生物沉积在地下，经过多年形成的可燃矿物。古代生物同现代生物一样，其能量都是来自太阳的辐射能。如果追根寻源，水能、风能、海洋热能、海流和波浪能，也都是由太阳能形成的。

第二类是来自地球本身的一次能源，如核燃料、地热能等。

第三类是地球和其他天体相互作用而产生的能量。潮汐能就是地球、月球和太阳三者之间相互作用而产生的能源。

常规能源

常规能源，在当前的利用条件和科技水平下，已被人们广泛使用，而且利用技术又比较成熟的能源，如煤、石油、天然气、水能、核裂变能，世界能源消费几乎全靠这五大能源来供应。

人类开始用煤炭作燃料，应追溯到 2000 多年前。14 世纪，中国的采煤业已相当发达。世界近代煤炭工业的兴起是从 18 世纪 60 年代英国的产业革命开始的。1709 年开始用焦炭炼铁，60 年后发明了蒸汽机；1787 年世界第一艘蒸汽轮船问世；1825 年，世界上第一条铁路在苏格兰建成通车。蒸汽机的推广使用，冶金、交通运输的发展，需要大量的煤炭。

1965 年，在世界能源消费结构中，石油首次取代煤炭占居首位，世界进入了"石油时代"。1979 年，世界能源消费结构的比重是：石油占 54%，天然气和煤炭各占 18%，油、气之和高达 72%。石油取代煤炭完成了能源的第二次转换。

1942 年，美国在芝加哥建立了世界上第一座核反应堆；1954 年 6 月，世界上第一座发电的反应器（反应堆的新名称）在苏联建成并正式启用；1956 年，美国的核电站开始投入运行。到 20 世纪 90 年代，核能发电提供的电力已占全世界电力总量的 17% 左右。

新 能 源

　　新能源是目前还没有被大规模使用,但已经开始或即将被人们推广利用的一次能源。如太阳能、风能、海洋能、沼气、氢能、地热、核聚变能等都是新能源。常规能源和新能源的分类是相对的,取决于对它们使用的历史长短和范围大小。但是,常规能源和新能源的划分,在不同时期是不断变化的。某日被称为新能源的,不久的将来就会变成常规能源。以核裂变为例,20世纪50年代,人们开始把它用来生产电力和作为动力使用时,被认为是一种新能源,当步入原子能时代的今天,世界上不少国家已把核裂变能列入了常规能源。再如太阳能和风能,尽管它们被利用的历史很长久,比核裂变能早几个世纪,但由于只是最近几年人们才开始真正重视这些能源,投入了大批人力和物力进行研究,不断地开发和扩大利用范围,还是被列入新能源一类。

　　能源专家认为,现在世界能源结构正在经历第三次大转变,即从常规能源的石油和天然气转向新能源(第一次能源转变是从18世纪开始,从木柴转向煤炭;第二次转变是从20世纪开始,从煤炭转向石油和天然气)。

再生能源

在自然界的一次能源中，依照能源是否能够有规律地不断再生和得到补充，分为可再生能源和非再生能源。

顾名思义，"再生"是再生产和再出现的意思。再生能源就是能够循环使用，不断得到补充的一次能源。如水能、太阳能、生物质能、风能、海洋热能、潮汐能等。这些能源，能量巨大，是解决人类未来能源的重要源泉。但是，由于生产技术水平的限制和生产费用的昂贵，目前的利用率还不高，尚处于潜在能源的地位。

如果仔细研究一下上述可再生能源便知，它们都是太阳能的派生能源，由于太阳辐射在大地上，产生了水的循环，即太阳能蒸发海水、河流、湖泊和其他地表水，成为大气的水分子，然后再凝结空气中的水，落到地面上，流入江河湖海，所以水能、海洋能是可以再生的。生物质能则是在太阳的照射下，进行光合作用，从而生长、繁殖，生生不息，生命不止。风能就更是太阳能作用的产物了。只有潮汐能是月亮和太阳对地球的引力作用产生的。所以，只要太阳永恒，这些能源也将永恒。

非再生能源

　　非再生能源是指经过开发使用之后，不能重复再生的自然能源，也就是在短期内无法恢复的一次能源。又叫不可更新能源或消耗性能源。如煤炭、石油、天然气、油页岩和核燃料铀、钍等，这些能源埋藏于地壳中，一旦被人类开发取用以后，其储量会逐渐减少，无法再生。当前，不可再生能源在世界能源生产和消费中，占有极大的比重。

　　据能源专家测定，世界地壳能源寿命大体情况如下：石油的可采储量为 5500 亿~6700 亿桶(1 桶＝15.987 升)，仅可供 25~30 年用，不过有些地区正在进行石油勘探，会有新油田诞生，这部分石油增长数末计入在内。

　　据估计，地下埋藏的化石燃料的 90% 是煤，世界煤炭的总储量约为 10.8 万亿吨，可采储量为 6370 亿吨，大约可采 245 年。

　　有人估计，工业发达国家的天然气还能用 20 多年，发展中国家的天然气能用 60 年，作为核电站燃料的铀矿资源，还能开采 30 多年左右。

　　目前，非再生性能源一天天减少，开发新能源就成为十分迫切的任务。

能源的分类

　　大自然赋予人类的能源很多，而且各有各的特点，因此，人们从各个角度对能源进行的分类也很多。

　　燃料能源和非燃料能源：这是按使用情况的分类。燃料能源包括矿物燃料（如煤炭、石油、天然气等）、生物燃料（如木材、沼气、碳水化合物、蛋白质、脂肪、有机废物等）、化工燃料（如丙烷、甲醇、酒精、苯胺、火药等）、核燃料（如铀、钍、氘、氚等）。前三种具有化学能或机械能，核燃料则为原子能。非燃料能源种类也很多，风能、水能、潮汐能、海流和波浪动能等，具有机械能；地热能、海水热能等主要是热能；太阳能、激光等表现为光能；电则是电能。

　　含能体能源和过程性能源：这是从能源的储存和输送的性质分类的。凡是包含着能量的物体，都叫作含能体能源，它们可以被人们直接储存和输送，各种燃料能源和地热能都是含能体能源。过程性能源是指在运动过程中产生能量的能源，它们无法被人们直接储存和输送，如风、流水、海流、潮汐、波浪等能源。

　　清洁能源和非清洁能源：这是从环境保护的角度，人们根据能源在使用中所产生的污染程度分类的。有时人们把清洁能源称为绿色能源。

原始能源——火

人类从利用"自然火"到掌握"人工火"，表明人类第一次驾驭了自然力，掌握了第一个能源，因此具有真正的变革意义。用火是继石器制作之后，在人类获取自由的征途上又一件划时代的大事，它开创了人类进一步征服自然的新纪元。

原始人最初利用火来烧熟野物，改变了"茹毛饮血"的原始状态。人类学会取火以后，便尽力扩大火的用途，从而使火在人类征服自然界中发挥着巨大的作用。第一，用火来帮助狩猎。第二，火可用来加工武器和工具。第三，借助火的使用，人们学会了在任何气候条件下生活，人类向过去未曾生活过的地区扩散。第四，人类发现泥土经过燃烧后变得坚固而不透水，从而发明了陶器。第五，原始农业的发展与火的使用也是紧密联系在一起的。当时的农业十分粗放，然而"刀耕火种"却对人们定居下来起到了很重要的作用。

原始社会末期，社会的物质生产有了进一步的发展，随着用火本领的提高，人们开始冶炼金属，使用青铜器了。以后又发明了生铁的冶炼。有了青铜器和铁器后，大规模地砍伐森林、开垦荒地，发展农业和开发牧场，才成为可能。

火的使用，把蕴藏在草木燃料中的化学能，通过燃烧转变成为热能和光能。因此，火有力地促进了社会生产的发展。

人力和畜力

使用火是人与其他动物区别的第一个标志,而使用工具则是人与其他动物区别的第二个标志。当

工具发展起来之后,就必须解决驱动工具的动力了。在古代社会里,最早的"动力"就是人力和畜力。据测验,一个人力一般只相当于1/10匹马力。在人类的历史中,成千上万的人力,完成了世界上许多惊人的事业,例如中国的万里长城、京杭大运河,古埃及的金字塔等等。

万里长城是世界古代建筑的奇迹之一,也是中华民族的象征,全长万里以上。长城是中国古代劳动人民的"人力"结晶。古埃及的金字塔也是最具代表性的古代"人力"的成果之一。在开罗市西郊的吉萨,建有三座雄伟的金字塔,这是公元前2600年人们用石块堆叠起来的巨大陵墓。平均每块巨石重约2000千克,共有200多万块巨石按设计堆砌起来。据考,当时只用了杠杆和滚轮之类的工具,而没有留下使用牲畜的痕迹。

人类利用牛的历史比马悠久,一般认为,从公元前3000年左右就开始使用牛了。中国在公元前200年左右就有马具,在战场上使用马车帮助人作战。从12世纪以后,欧洲才普遍用马作动力。马开始用于农业,使欧洲的原始森林逐渐得到开垦。同时,磨面和汲水也开始利用马力了。

水力和风能

在人类历史上,最初能够得到的能源,几乎都是大自然直接赐予的,其中水力和风能在人类历史发展中的作用,是不可低估的。

人们对水力的广泛利用,最早见于水车。安装在一条小河上的小水车,所做的功相当于几千瓦到几万瓦的马达,远比人力和畜力大得多。埃及在古代大量使用水车给水田灌水。中国在公元2世纪的后汉时代,也曾普遍用水车进行灌溉。日本人在公元6世纪末,就利用水车来捣米。在古代社会中,罗马帝国使用水车已经达到普及的程度。

水车很快传到了法国、德国和英国,各国水车长期用于磨面、碾米、汲水、灌溉等方面。16世纪末又开始用于采矿和冶金等方面。水车在人类历史上沿用了几千年,直到19世纪80年代发明电以后,20世纪初期开始开发水力发电,特别是近半个世纪以来,水力作为发电能源,正进入现代能源资源的行列。

风能是大自然赐给人类的另一种能源。早在2000多年以前,中国已经开始用帆行船,到了明代开始利用风力车水灌田和加工农副产品。此外,埃及和荷兰是较早利用风能的国家。19世纪末发电机问世,丹麦创建了世界第一座风力发电站。

古代能源木炭

　　古代人发现,用树干做燃料时,当火熄后会生成一种木炭,它的火力比木柴更优良。也就是说,古人发现了用化学方法加工制成燃料。

　　所谓炭化,就是在缺氧状态下用高温加热木柴,使炭以外的物质变成气体或液体排放出去,最后只剩下炭。最低要在150℃的温度下,木柴才开始炭化。温度高才能制成硬质纯木炭。

　　木炭是古代世界各民族共同使用的燃料。当社会发展进入"铜器时代""铁器时代"以后,木炭就成为工业燃料,古代炼铁时,把木炭和铁矿石做成夹心面包的形状,装入炉内,然后点火。在炉内温度超过400℃以后,木炭就夺走了铁矿石中的氧,生成二氧化碳,铁矿就变成金属铁。这种铁布满了空隙,所以称为海绵铁,再把它锤炼几百次,就可以加工成优良的铁器,这是古代通用的炼铁方法。

　　从14世纪到15世纪,欧洲开始推广新的高炉炼铁法,出现了由水车杵锤带动的强有力的风箱,加速了木炭的燃烧,使炉内温度提高到了1000℃以上。这种方法,一次就把铁矿石完全熔化成铁水,然后,只把较重的铁粉从炉底引出来。采用这种高炉炼铁法,可以迅速地获得大量的生铁。

石油的开发历史

19 世纪 30 年代，人们开始从石油中提炼煤油。但 1859 年以前，人们还不知道石油是可以从地下开采出来的矿产资源，只认为它是一种偶尔渗出地面的东西。

最早专为开采石油而试图钻井的，是美国一个规模很小的宾夕法尼亚洛克石油公司的经营者们。他们于 1858 年底开始工作，第二年 8 月 27 日钻到了石油层，深度只有 21 米，产油只有 65 桶，1862 年就猛增到了 305.6 万桶（约 36 万吨）。19 世纪 60 年代，美国建成了稳定的石油工业，1882 年出口已达 130 万吨。

1910 年前后，石油才在陆地上交通工具的燃料中占有主要地位。20 世纪初的 10 年内，世界上出现了汽车、飞机和轮船等大量消耗汽油的交通工具，石油能源的发展就像三级跳远的运动员那样，紧接着单足跳和跨步之后，又进行了一次大跳跃。

第二次世界大战以后，世界上许多国家，从发电站的锅炉到家庭的火炉，石油已经渗透到社会的各个角落，从而能源的宝座也由煤炭让位给石油了。而且石油不仅作为能源，还作为重要的化工原料，占据着能源和化工的突出地位。20 世纪 70 年代，石油的需求量越来越大，出现了供不应求的"石油危机"。

核能的崛起

移居美国的德国物理学家爱因斯坦，于1939年8月给美国总统罗斯福写了一封紧急信件，劝他着手研究原子弹。信中说："如果纳粹分子早一步在军事上应用原子能，那将是对自由主义各国的一个致命打击。"同年9月，英法对德宣战；1941年12月，美国对日本宣战。

罗斯福总统采纳了爱因斯坦的建议，在美国开始了原子能的研究工作。在移居美国的意大利物理学家费密的领导下，科学家于哥伦比亚大学等处做基础实验。经过两年的时间，终于完成了这一重大实验。接着，在芝加哥大学建立了世界上第一座原子反应堆，在这个原子反应堆里，用约47吨氧化铀和386吨石墨块，砌成方格形。由于呈"堆"状，所以叫原子堆(Pile)。1942年12月2日，CP-1成功地连续进行了约28分钟的链式反应。人类在世界上第一次点燃了原子之火。与此同时，还进行了原子弹的研究。制造原子弹的技术不是让原子之火在原子反应堆内慢慢地逐渐燃烧，而是使原子之火一下子发生爆炸。1945年7月，美国在新墨西哥州进行了第一次原子弹爆炸实验，同年8月6日和9日，在日本的广岛和长崎投下了原子弹。死伤50多万人，日本宣布投降。

核能发展迅速

第二次世界大战后,军事上的需要,使苏联、美国、英国、法国等相继发展起来的本国的原子能工业。他们在发展军用原子能反应堆的基础上,开始了小型核发电反应堆的研究,到 20 世纪 50 年代,这一研究取得了巨大进展。1954 年 6 月,苏联建成了世界上第一座发电功率为 5000 千瓦的核电站;1956 年美国建成了一座发电功率为 7.5 万千瓦的核电站。1956 年以后,世界核电站装机容量以年平均 25.5% 的速度递增。目前世界上已有 26 个国家和地区的 428 座核电站正在运行,核电站发电量占世界总发电量的 16% 以上。核电的开发已成为世界各国发展能源的潮流。核能的发展可分为三个阶段:

1951～1960 年为第一阶段,即试验性阶段。苏联、美国、英国和法国,建成 10 座试验性核电站,总装机容量 85.9 万千瓦,单机容量为 0.3 万～21 万千瓦。

1961～1968 年为第二阶段,即推广阶段。发展核电的国家又增加了德国、日本、加拿大、意大利、比利时、瑞士和瑞典,总装机容量达 1223 万千瓦,最大单机为 60.8 万千瓦。

从 1969 年到现在为第三阶段,即稳步发展阶段。这时,核电技术已经成熟,大量投入单机容量达百万千瓦级的机组,核电站发展快。

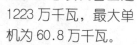

能源是社会支柱

人们把能源、材料、信息看成是社会发展的三大支柱。这三大支柱中，能源是最基本的物质基础。从衣食住行，到工农业建设，都要直接和间接地消耗能源。列宁曾经说过："煤是工业的粮食，石油是工业的血液。"能源为生产提供了动力，这正是它对社会文明进步的巨大贡献。

煤炭的开发和应用，促进了冶金工业的发展和蒸汽机的推广。石油的开发和电的发明应用，使人类进入电气化时代，提高了机械化水平和自动化水平。核能和新能源的开发，推动新技术革命的发展。煤、石油、天然气日益成为生产人造纤维、塑料、橡胶和其他许多化工产品的重要原料，煤炭化工、石油化工已成为国民经济重要的工业部门，多品种的能源产品及能源加工产品，正在推动工业、农业、交通通信业和国防工业的进一步发展。

能源的替代和变革，是人类社会不断发展进步的标志。每次变革的结果，都促进人类社会产生质的飞跃。随着历史的发展，能源问题与人类的命运越来越紧密，它渗透到整个人类社会生活之中。

能源转换

自然界中的一次能源,除少数被人们直接利用外,绝大多数都要转换成二次能源,才能更经济有效地被人们利用。电能就是一种使用最方便和最广泛的二次能源。

从煤、石油、核能等一次能源转换成电能,一般经过了从燃料的化学能到热能,从热能到机械能,从机械能再到电能的一系列转换过程。

而机械能转换成电能,则是由发电机来完成的。现代工业上应用的发电机,实际上就是把机械能转换成电能的能量转换装置。

火力发电是由化石燃料燃烧(化学能)转变成热能,由热能转变成机械能,再由机械能转变成电能的三个连续性的过程。而水电站与火电站相比,能量的转换过程比较简单,它利用水流冲击水轮机旋转,把水能首先转换成机械能,再把机械能输入到发电机后转换成电能。

电能又可以根据需要,转换成各种形式的能源。例如,通过电动机可以转换成机械能,通过电解作用转换成化学能,通过电阻器转换成热能,通过收音机的喇叭转换成声能,而通过灯泡里的灯丝或其他发光设备又可转换成光能等等。

太阳能

太阳向宇宙空间发射的辐射功率约为 3.8×10^{23} 千瓦，其中能到达地球大气层的能量约为其总辐射能的二十二亿分之一。但是它的能量也在 173×10^{12} 千瓦，仍是巨大的。其中30%被大气层反射回宇宙空间，23%被大气层吸收为风、雨、霜、雪等气象变化的能量。直到地球表面的能量为 81×10^4 千瓦，大体上相当于世界总能耗的上万倍。

太阳的辐射能不仅是地球上各种生命之源，而且也是许多能源之源，例如化石能源煤和石油，是古代储存太阳能的产物，因为煤和石油都是植物、动物、微生物死亡后形成的。其他可再生能源，如风力、海洋能，生物质能等，都是太阳能的派生能源。当前只能开发利用太阳照射到地球陆地能重的不足千分之一。

当前人们直接利用太阳能，主要体现在三大技术领域：一是光热转换，二是光电转换，三是光化学转换，此外储能、输送技术也有一定的应用。在应用领域方面已涉及工业、农业、建筑、航空航天等各个行业和部门。例如，采暖、制冷、空调等太阳能设施；用于海水淡化的太阳能蒸馏装置；用于宇宙飞船、航天飞机、汽车、自行车的太阳能能源；用于育秧、干燥、杀虫等太阳能器具；用于取暖、保温的太阳能灶和太阳能温房等等。

太阳能评价

太阳能作为一种能源，与煤炭、石油、核能等能源相比，具有以下优点：

一是普遍：阳光普照大地，处处都可以利用，不需要开采和运输。二是无害：太阳能是清洁能源，不会污染环境。三是长久：只要太阳存在，就有太阳辐射能。据估计，太阳还有100亿年的寿命，然后变成红巨星，最后氢元素耗尽死去。100亿年是何等的漫长啊！四是巨大：据估计，地球表面一年内从太阳获得的总能量约达60亿千瓦小时，比目前全世界一年内利用各种能源产生的总能量还要大1万倍。

当然，世界上任何事物都不是完美无缺的。太阳能作为能源应用时，也有其缺点，主要缺点如下：

一是能流密度很低。在天气较为晴朗的情况下，中午时在垂直于阳光方向的1平方米面积的地面上接收的太阳能，平均只有1千瓦。若按全年日夜平均，地球表面每平方米面积上接收的太阳能小于0.2瓦。作为一种能源，这样的能流密度是极低的。因此在利用时，往往需要一套面积相当大的收集、转换能的设备，因此造价过高，影响推广。二是到达某一地面的太阳辐射强度极不稳定，与气候、季节等因素有关。另外，还有昼夜交替带来的间断性问题，这也给太阳能的大规模利用增加了不少困难。

太阳能的作用

辐射到地球表面上的太阳能约有 47% 以热的形式被地面和海洋吸收,使地面和海水变暖。

同海水、河川、湖沼等的水分蒸发,以及降雨、降雪有关的太阳能约为 23%。这些能量的一部分作为河川的水利用于水力发电等。

能引起风和波浪有关的太阳能约为 0.2%。由于太阳能的辐射能为其他可再生能(如风力、地热、海洋能、生物质能等地球可得到的洁净的能源)提供了极为丰富的资源。

大家知道,植物是利用太阳能、水和二氧化碳进行光合作用而生长的,不过为此而利用的太阳能是极少的,只有 0.02%~0.03%。现在我们所使用的石油和煤炭等常规能源,可以说是经过几亿年之久的光合作用而积蓄起来的太阳能。

太阳对地球来说,除了给予光和热以外,还向地球发射 x 射线、电波和太阳风等离子体状的粒子。而且由于上述太阳的光斑、日珥和黑子等的活动,使包围地球的上层大气经常受到影响。

目前,对于太阳照射到地球陆地的能量,按照现有的技术水平,仅仅可开发利用其中的不足千分之一。不过,伴随科学技术的迅速发展,应用领域已涉及工业、农业、建筑、航空航天等诸多行业和部门。

太阳能的利用

直接利用太阳辐射能主要有三种方法：第一种方法是把太阳的辐射能变成热能，叫作光热转换；第二种方法是把太阳的辐射能变成电能，叫作光电转换；第三种方法是把太阳的辐射能转变成化学能，叫作光化学转换。

光热转换，这种方法是利用集热器或者聚光器来得到100℃以下的低温热源和1000℃到4000℃的高温热源。它是目前应用比较普遍的一种办法，被广泛地用在做饭、烘干谷物、供应热水、供室内取暖、空调、太阳热能发电、输出机械能和高温热处理等方面。农业上直接利用太阳辐射能的例子就是太阳能温室和太阳能水泵。此外，太阳能还可以用在海水淡化等方面。

光电转换，这种方法就是把太阳光能直接变成电能。它是利用某些物质的光电效应把太阳辐射能直接变成电能，它的核心就是太阳电池。目前，主要的太阳电池有硅电池、硫化镉电池、砷化镓电池和砷化镓——砷化铝镓电池。

光化学转换，绿色植物的光合作用就是一个光化学转换过程。光合作用就是植物利用太阳光把二氧化碳和水变成有机物质。

太阳能的特点

太阳能作为一种新能源，与常规能源如化石燃料及核燃料相比，具有许多不可比拟的特点：

(1) 持久性。科学家推断，太阳的寿命还有上百亿年，太阳能将是取之不尽用之不竭的。

(2) 广泛性。太阳能到处都有，就地可用，这对于山区、沙漠、海岛等偏僻地区其优越性更明显，人们只要一次性投资建好发电设备后，平均的维持费用比其他能源要小得多。

(3) 分散性。太阳辐射每单位面积上的功率很小，要得到较大的功率，必须有较大的受光面积。

(4) 清洁性。利用太阳能，没有废气、废料，不污染环境，称为清洁能源、绿色能源。

(5) 地区性。在赤道附近，太阳光在中午时刻是直射地面的，因而有较大的强度。而在两极地区，太阳光是斜射的，单位面积上所得到的阳光较少，强度也就较小了。此外，当阳光斜射时所穿过的大气层要比直射时厚，所以消耗在大气层中的热量也较多，到达地面的就少些了。由于这两个原因，地球上被分为热带、温带和寒带。

(6) 间歇性。太阳的高度角一日内及一年内在不断变化，加之气候、季节的变化影响，太阳能的可用量很不稳定，随机性很大。

太阳能集热器

太阳能比较分散，必须设法把它集中起来才能使用。集热器就是各种利用太阳能装置的关键部分。

什么是集热器呢？集热器是吸收太阳辐射能并向工质(水)传递热量的装置。它是热水器的"心脏"。因为集热器中的工质(水)与远距离的太阳进行交换，所以它又是一种热交换器。

集热器，按其特点一般分为三类：

平板集热器：罩在菜地暖房上的透明塑料薄膜属此类，平板型太阳能集热器是根据"热箱原理"设计的。所谓热箱，就是一面面向太阳光并有透明盖板，可使用玻璃、玻璃钢或塑料薄膜板，另三面内壁涂黑且为不透气的保湿层。当太阳光透过玻璃进入箱内，被内壁涂层吸收，转为热能，如果箱内盛水，水就被加热。

真空管太阳能集热器：是在平板型太阳能集热器基础上发展起来的。利用真空隔热，并采用选择性吸收涂层来提高集热效率和集热温度的新型太阳能集热装置。构成这种集热器的核心部件是真空管，它主要由内部的吸热体和外层的玻璃管组成。

玻璃——属真空管：是国际上继全玻璃真空管之后发展起来的新一代真空管。这些真空管组成的集热器具有工作温度高、承压能力大、耐热冲击性能好等优点。

太阳能的储存

太阳能的储存方法有两类，一将太阳能热能直接储存，二将太阳能转换成其他形式的能量储存。

太阳热能的直接储存又分为短期储存（几小时或几天）和长期储存（半个月或几个月）。短期储存可利用蓄热材料实现，例如，利用棉籽油或其他油脂，把太阳灶聚焦的高温吸收在油里，能在 400℃～500℃的温度下，蓄热 24 小时，然后将这种高温油流过一个特制的散热器，它所释放的热量还能炒熟菜。

太阳能受季节、昼夜、气候的影响，是间歇而不稳定的。如何克服这些弱点，是发展太阳能的关键性问题。目前，虽然储存太阳能的方法很多，但是大容量、长时间、低成本的储能还未能实现。

把太阳能转变成其他能，再加以储存，这是目前的重要选择。最常见的是太阳能发电，然后用蓄电池蓄电。也可以利用太阳能提水的方法，白天利用太阳能把水从低处提到高处的储水池中，夜间从水库放水，用水的落差进行水力发电，这叫蓄能发电。具有更深远意义的是太阳能的生物储存和化学储存。生物储存是指利用植物的光合作用培育能源作物，或将太阳能产生的某些有机物经过微生物发酵制取沼气或酒精，以获得气体燃料或液体燃料。

太阳能高温分解水制氢，以及络合制氢等办法，都是太阳能的高级转换和储存。

太 阳 池

这是一种收集太阳能和储存太阳能，并作为热源用的水池。太阳池中的水是盐水，水中盐浓度呈稳定状态，而吸收太阳的辐射热，在池子的

底层用隔热材料，使热在底层水中防止对流损失。海洋和盐湖的水具有这种储能的特性。这一自然现象，早在 20 世纪初，就被匈牙利物理学家凯莱辛斯基发现，1902 年在他的《物理学》著作中已有描述。20 世纪 60 年代，以色列人哈里·泰勃在死海建立了第一个太阳池试验装置，获得 90℃以上的热水，并正式命名为"太阳池"。接着，1979 年又在死海南岸的爱因布科克小镇上，建立起一座 150 千瓦的太阳池发电站。1981 年，又一座 5000 千瓦的太阳池发电站在以色列投入运行。

太阳池与一般水池不同，它的池底深黑，增加了吸收太阳辐射的能力，并在池水中加入氯化钠或氯化镁等盐溶液，或利用天然咸水。一般池表层为清水，水越深盐度越浓，底层甚至为饱和状态。形象地说，每一层不同浓度的水就像一层玻璃，最上层的清水就是全透明的玻璃，太阳光可以逐层透过。但当光辐射转变为热之后，除了池底的有限散热外，向水池表面的散热就很困难，因为稳定的盐溶液不能对流，而水本身的导热性又差。于是上层水是下层水的保温层。如此，太阳不断辐射、底层水温越积越高。人们将太阳池底部的热取出即可使用。

太阳灶

集热器和与之匹配的系统类型繁多,名称各不相同。例如,太阳能用于炊事,就叫"太阳灶";用于产生热水,就叫"太阳热水器";为烘干用的设备,就称为"太阳能干燥器"。

世界上第一个太阳灶设计者是法国的穆肖,在 1860 年,他奉拿破仑三世之命,研究用抛物面镜反射太阳能集中到悬挂的锅上,供驻在非洲的法军使用。1878 年,阿塔姆斯又曾做了许多研究和改进。到了 1889 年,全世界就有了许多太阳灶的专利,有了各种各样的太阳灶。目前太阳灶的利用相当广泛,技术也比较成熟,不仅可以节约煤炭、电力、天然气,而且十分干净,是一个可望得到大力推广的太阳能利用装置。

目前常用的太阳灶分别是聚光式太阳灶、箱式太阳灶、热管传导式太阳灶及太阳蒸气灶等。这些太阳能装置在燃料缺乏地区,具有很高的实用价值。在这些太阳灶中,伞式聚光灶可以产生足够的温度,如果用高压锅,在这种灶上煮一家 5 口人吃的饭,半小时就可以煮熟。用黑底锅煮鸡蛋,5 分钟即可煮熟。用箱式灶时,晴天 1～2 小时内可把锅加热到 150℃～200℃,由于这种太阳灶有储热性能,即使天空出现云层,也可以保持 100℃左右。

太阳能热水器

　　这是一种利用太阳能加热水的装置。利用太阳能平板集热器，可以把水加热到 40℃～60℃，可以为家庭、机关、企业生活、生产提供热水，也可以用于太阳房、温室、制冷和热动力等装置中。太阳能热水器一般由集热器、贮水箱、循环管路及辅助装置组成。太阳能热水器通常安放在房屋顶上，也可以安放在其他向阳的地方。人们早上加上冷水，下午就可以取用被太阳能加热的热水。太阳能热水器利用技术到了 20 世纪中期，已经达到了比较成熟的阶段。太阳能热水器产业是世界上太阳能行业中的骨干。中国安装的太阳能热水器面积居世界首位。据测算，由于这些太阳能热水器的使用，每年至少可以节约燃煤 50 万吨，已经露出了它的锋芒。

　　随着人们生活水平的不断提高，一些中小城镇和广大农村，尚没有条件使用燃气或电来提供热水，人们选用太阳能热水器是十分自然、合理的。以流体(水)在集热器中的流动方式，可将太阳能热水器分为三大类：

　　一是自然循环式：它依靠集热器与蓄水箱中的水温不同，而产生比重差进行温差循环(热虹吸循环)，水箱中的水经过集热器被不断加热；二是自然循环定温放水式热水器；三是强制循环式热水器。

太阳能温室

　　人们常见的玻璃暖房、花房和塑料大棚，都是太阳能温室，它担负着寒冷地区，如中国北方大中城市冬季蔬菜供应的重任，并在水产养殖和农作物育种育秧、畜禽越冬等方面起着重要的作用。

　　太阳能的辐射能——阳光，主要是可见光和近红外线，照射到玻璃暖房、花房和塑料大棚等建筑物的透明物体上，几乎能够全部透过，并为这幢建筑物内的物体所吸收，因此而变暖。换句话说，像玻璃、塑料起了让短波阳光进、不让长波红外线出的作用，室内温度就随着太阳照射时间的延续，逐渐升高，直至到达平衡为止。这种效应使玻璃房屋得名为"温室"。这种由于玻璃对可见光十分透明，而对红外线很不透明的事实而得到多余热量的效应，就称为"温室效应"。

　　随着透明塑料和玻璃纤维等新材料的大量出现，太阳能温室的建造也越来越多样化，甚至发展起田园工厂化。目前人们不仅有大量的塑料大棚用于蔬菜种植方面，而且出现了许多现代化的种植繁养工厂。

　　太阳能温室的结构和形式很多。温室建筑可用木材、钢材或铝制构件作为骨架。透光覆盖物过去多用玻璃，近期发展以塑料为主。

太阳能干燥技术

太阳能干燥技术的发展是改变敞开自然曝晒为封闭式，加热空气以降低其相对湿度，并使之充分和被干燥物相接触，以增加相互的换热量。

太阳能干燥技术可分为两个阶段：一是对空气加热；二是热空气把待干燥物中的水分带走。加热空气又有两种办法：一是直接加热空气，即把待干燥物放在干燥室内，直接受阳光辐射；二是间接加热空气，利用空气集热器把空气的温度提高，并降低待干燥物的相对湿度。

在干燥器中，湿物吸收太阳的辐射热之后，温度升高致使相应的水蒸气压力超过周围空气中的分压时，水分就从湿物表面蒸发。所以干燥器不仅满足升温的要求，还要考虑通风排湿，降低干燥器中空气的分压。

太阳能干燥器可分高温型和低温型干燥器。高温太阳能干燥器为焦型，常采用抛物柱面聚光器，对太阳进行自动跟踪，待干燥物多为颗粒状，如粮食之类，用螺旋输送机把物料赶到线状聚焦面，边行进边干燥，效率较高。但是，这种干燥装置比较复杂、庞大，造价较高，推广较困难。

低温太阳能干燥器，以空气作为干燥剂手段，这种干燥工艺设备，由两部分组成，即太阳能空气集热器和物料干燥箱。温度一般在40℃～65℃，特别适合果品干燥和农副产品加工的需要。目前国内外研究的太阳能干燥器，多属于低温干燥器。

太 阳 房

太阳房是利用太阳能采暖和降温的房屋建筑。房屋利用太阳能采暖已有悠久的历史了。人们把房屋的南向都装上透明的玻璃窗,这就是最简单的太阳能采暖应用。但玻璃窗的散热大,因此,这一简单采暖方式效果不太理想。太阳能采暖建筑,虽然建筑成本比较高,但从总体考虑,经济上仍是比较划算的。在人们的生活能耗中,用于采暖和降温的能源占有相当大的比重。特别对于气候寒冷和炎热的地区,采暖和降温的能耗是相当大的。根据一些发达国家的统计,家庭能耗中采暖约占60%,生活热水和空调约占20%。发展中国家的家庭能耗普遍较低,但采暖的比重并不少。例如,中国的华北地区,冬季采暖在家庭总能耗中占40%以上,东北地区冬季采暖所耗的能源就更高了。

太阳房既可采暖,又能降温,所以研究、开发者愈来愈多,备受科学家们的重视。目前,最简便的一种太阳房叫被动式太阳房,建筑容易,不需要安装特殊的动力设备。把房屋建造得尽量利用太阳的直接辐射能,依靠建筑结构造成的吸热、隔热、保温、通风等特性,来达到冬暖夏凉的目的。另一种太阳房,叫主动式太阳房,这就比较复杂一些,是更讲究的高级的一种太阳房。另一种高级太阳房,则为空调制冷式太阳房。

太阳能可以制冷

人们知道，当气体(空气)或液体(如水、氨溶液、硫氰酸钠溶液等)被压缩时，会放出热量；相反，当气体或液体膨胀时，要吸收热量，这叫作气体或液体压缩放热，膨胀吸热原理。人们利用物质膨胀吸热的原理，来达到降温的目的。太阳能冷冻机就是利用这种原理制造的。先利用集热器收集的太阳热能加热到低沸点的氨水溶液，使氨水变成蒸汽，在冷凝器中用冷水来冷却，使其进入膨胀阀在低压下快速蒸发吸收大量的汽化潜热，就可以降温和造水，以达到制冷的目的。

太阳能冷冻机使用方便，适于家用空调。用硫氰酸钠溶液代替氨溶液，可以提高冷冻机的效率。这种冷冻机还可用于粮食防腐，海产品防腐等。

盛夏，酷暑炎热，阳光充足，辐射能很强，对利用太阳能冷冻机制冷很有利，造冰、制冷的效率都很高。正是这个时候，人们需的制冰量很大，也需要大幅度地降低室内温度。

目前，太阳能制冷的方法很多，如压缩式制冷、蒸汽喷射式制冷、吸收式制冷等。

中国从 20 世纪 70 年代中期开始研究太阳能制冷，除几种间歇式氨——水吸收法制冰机外，还做了一些太阳能空调试验。

太阳能蒸馏器

目前,太阳能蒸馏器多用在海水淡化方面。把苦咸的海水变成淡水供人们饮用及农作物灌溉使用,这是远远不够的。世界上最早的太阳能蒸馏器,是 1872 年瑞典工程师为智利设计并制造成功的。

太阳能蒸馏器有两种:一种是"顶棚式"(或热箱式),这是比较简便的一种;另一种是聚光式。

顶棚式是以水泥浅池为基础,上面盖以玻璃顶棚,顶棚分单斜坡和双斜坡。它的工作原理比较简单:太阳光透过玻璃顶棚照射到涂有黑色的水泥池底,光线经黑体吸收,变为热能传递给水。由于池子四周密封,实为一个热箱,水温逐渐升高,使水不断蒸发。从结构上来看,它有点像浅池式太阳热水器。但蒸馏器的水层要求更浅,以便水分的大量蒸发。同时,盖面玻璃是斜坡式,当上升的水蒸气遇到较凉的玻璃顶棚时,立即冷凝成水珠,并受重力影响水珠下移,汇聚成较大水珠,逐渐流入玻璃板下沿的集水槽,于是得到淡水。这种淡水实际上是蒸馏水,如果要饮用,还应矿化处理。

聚光或蒸馏器是利用聚光器获得高温,而把咸的海水烧成蒸汽,然后经过冷凝成淡水。这种装置是强化蒸馏,效率虽然较高,但装置造价较贵,所以不被人们青睐。

太阳能发电

这是利用集热器把太阳辐射能转变成热能，然后通过汽轮机、发电机来发电。它与常规火力发电主要不同之处是：动力来源不是煤或油，而是太阳辐射能，用集热器和吸收器取代了锅炉。

世界上第一个实现太阳能发电的太阳能电站，是法国奥德约太阳能发电站，其发电功率只有 64 千瓦。意大利西西里岛 1000 千瓦塔式太阳热电站，是世界上第一座并网运行的塔式太阳热电站。以太阳光为能源获得电能的太阳能发电，有四大优点：一是安全，不产生废气；二是简单易行，只要有日照的地方就可以安装设备；三是容易实现无人化和自动化；四是发电时不产生噪声。

目前，将太阳能转换为电能有两种基本途径：一种是把太阳光辐射能转换为热能，即太阳热发电；另一种是通过光电器件将太阳光直接转换为电能，即太阳光发电。

太阳热发电又分为两种类型：一种是太阳热动力发电，即采用反射镜把阳光聚集起来加热水或其他介质，使之产生蒸汽，用以推动涡轮机等热力发动机，再带动发电机发电；另一种是利用热电直接转换，如温差发电(热电偶)、热离子发电，热电子发电、磁流体发电等原理，将聚集的太阳热直接转换成电能。

太阳电池

太阳电池的发明是在 1954 年,在美国贝尔实验室里,科学家发现了光电效应的效率可达 10%的材料,他们将半导体材料硅的晶体切成薄片,一面涂上硼做正极,一面涂上砷做负极,接上电线后,用光照射,电线里便有了电流,世界上第一个太阳能光电池就是这样诞生的。太阳能的光电转换,是指太阳的辐射能光子通过半导体物质转变为电能的过程,通常叫作"光生伏打效应",太阳电池就是利用这种效应制成的。当太阳光照射到半导体上时,其中一部分被表面反射掉,其余部分被半导体吸收  或透过。被吸收的光,有一些变成热,另一些光子则同组成半导体的原子价电子碰撞,产生电子 —— 空穴对。这样,光能就以产生电子 —— 空穴对的形式转变为电能。

太阳电池的种类也很多,目前,技术最成熟,并具有商业价值的太阳电池要算硅太阳电池。

硅太阳电池:硅是地球上最丰富的元素之一,用硅制造太阳电池具有广阔前景。多元化合物太阳电池,这是指用单一元素半导体制成的太阳电池。

液结太阳电池:这是一种光电、光化的复杂转换。

聚光太阳电池:利用聚光器获得光强,从而获得电能输出。因此这是降低太阳电池成本的一种好方法。

太阳电池的应用

太阳电池于 20 世纪 30 年代末开始研究,40 年代进入实用研究,1958 年 3 月 17 日美国发射的"先锋 1 号"人造卫星,首次将单晶硅太阳电池作为空间飞行器的电源。进入 60 年代以后世界上各式各样的人造卫星、宇宙飞船和星际站,主要靠太阳电池供电,其功率也越来越大。目前,太阳能电池作为小功率的特殊电源,已在灯塔、航标、微波中继站、电围栏、铁路信号、电视差转、电视接收、无人气象站、金属阴极保护和抽水灌溉等方面获得广泛应用。而今正向大功率应用发展。据统计,到 20 世纪 90 年代中期,世界上 100 千瓦以上的太阳电池发电站已经有数十座之多了。

太阳电池的应用是太阳能利用中发展最快的技术之一。但是目前影响大量推广使用的主要问题是装备成本太高。科学家们正大力设法降低成本,促使太阳电池的推广使用。太阳电池在地面的主要应用技术如下:

电视差转:许多边远城镇、山区、海岛,不容易接收电视台发射的信号,必须借助于电视差转机来转播,而差转台要选择在高山之上,但此地往往无电源,这时便可采用太阳电池供电。

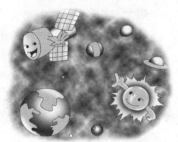

通信电源:野外勘测、部队营房、气象台站、长距离微波通信等,均可利用太阳电池供电。

光电水泵:由太阳电池提供的电来带动水泵工作,目前国际上正越来越多地采用这种方式提水。

太阳能育种

用抛物面镜会聚成的阳光,间歇性地照射在植物的种子、幼苗、花粉、芽或块茎等的上面,可以促进作物的生长发育,提高作物的产量,具有明显的刺激效果。用这种方法来育种,还可以诱发性种的变异。

用聚焦脉冲阳光对玉米、小麦、棉花、谷子、大豆、水稻、马铃薯、西红柿、葵花等作物进行照射,试验证明,均具有明显的增产效果。

科学家们指出,以上这种刺激效应和诱变作用,与我们熟知的光合作用,在机理上是完全不相同的。普遍认为,这种育种方法,至少是改变了种子胚胎部分分子的排列形式;但更为深入的机制,还在研究当中。

一种典型的阳光育种照射装置,主要由柱形抛物面反射镜,放置种子的滚筒、支架、底座、传动机构等部分组成。照射装置的焦距为0.75 米,柱形抛物面反射镜长 1.6 米,宽 0.5 米,投影采光面积为0.725 平方米,反射镜面由 2 厘米宽的普通玻璃镜条装成。阳光经柱形抛物面反射镜聚光后,可以形成 0.5 米长,3 厘米宽的聚焦带,理论聚光比约为 40,实际聚光比约为 30。

利用聚焦脉冲阳光照射玉米、小麦、棉花等作物的种子,在对比试验中表现为穗(铃)大,粒(铃)多,可以获得明显的增产效果。一般增产幅度为 7%～10%。

太阳能土壤消毒

利用太阳能进行土壤消毒，就是在温室内或田间用塑料薄膜覆盖土壤，进行密闭处理。通过水传导太阳辐射能，使土壤不断地积蓄热量，从而提高土壤温度，以杀死病虫害，达到土壤消毒的目的。具体做法如下：先进行深耕土壤，弄起小畦，畦高 60～70 厘米，畦沟保持经常有水，然后覆盖塑料薄膜，密封处理 14～30 天。由于薄膜内温度高，能杀死多种病原菌和害虫，待揭开薄膜后，便可以进行种植，虫害可以消除或减轻。

上述处理方法，白天薄膜内的温度最高可达 70℃～80℃，土壤表面的温度达 70℃以上，地表下 20 厘米深处温度仍达 50℃以上。膜内土壤日温度的变化情况是：土壤表面在 13～14 时，温度最高；地表下 20 厘米 16～18 时，温度最高，而土壤深层即土壤深层的温度变化小。

利用太阳辐射能进行土壤消毒的方法，比药剂或蒸汽消毒具有许多优点：一是它不会污染环境，对人畜无害；二是适用范围较广，不仅适用于蔬菜，也适用于其他农作物，可以杀死多种病原菌，消灭多种病虫害，如线虫病、镰刀菌、草莓萎病、番茄青枯病、萝卜横条纹病等。

另外，利用太阳热能改造旱地土壤，也取得了成功。其方法是将有机物质和石灰全层撒施，随后覆盖上聚乙烯薄膜，利用太阳热能来促进地温上升，提高杀菌效果和加速有机物的腐熟，以改造旱地土壤。

宇宙发电

　　目前，在地面上利用太阳能发电，受到阴天、雨天、昼夜变化、太阳光在大气层的折射、反射、吸收、能量损失较大的影响。为了改变这些环境条件，充分利用太阳的热能，于是，一项新奇而大胆的划时代的设计——宇宙发电提出来了。1968 年，美国人彼得·格拉泽提出卫星太阳能电站的设想，即在地球外层空间利用太阳能发电，然后通过微波和激光将电能传输给地球上的接收装置，再将所接收的微波或激光能转变成电能，供人类使用。后来，又经过各方面专家的论证，逐渐形成了从发电到输电的一整套方案。

　　利用现代空间技术，在低地球轨道上组装一颗庞大的发电卫星，然后利用卫星上的推进器，把卫星送到地球同步轨道上。这个发电卫星绕地球公转一周正好是 24 小时，从地面上看，它好像是固定地悬挂在空中一样。

　　卫星上安装着巨大的太阳能收集转换器，实际上是像在超级足球场上铺满了太阳能电池。这个巨大的太阳能电池陈列面积大约有 100 平方千米，能发出 1000 万千瓦的电力，相当于 10 座 100 万千瓦的核电站的发电能力。这颗卫星是个庞大的人造天体，重量可达 10 万吨！

　　地面上直径 7.4 千米的巨大天线负责接收从太空射来的微波能量，转换成电能后使用。

在月球上发电

科学家们设想的空间太阳能发电有两种方案：一是建立太阳能发电卫星，在卫星上用太阳能发电；二是将月球作为基地，建立太阳能电站。

在茫茫宇宙天体中，月球是人类看中的第一个能源基地。月球是地球的卫星，是距地球最近的天体。月球自转一圈所需要的时间，恰好等于它绕地球公转一圈所需的时间，而且方向相同，所以月球总是以固定的一面朝着我们。

人类将于 21 世纪在月球上建立"空中之城"——"月球城"。"月球城"既可以作为科学研究的基地，更好地探索茫茫宇宙的奥秘，又是人类未来的能源基地。人类计划把太阳能电站建立在月球上，因为那里不受白天黑夜的影响，终日有阳光照射，全天都可以发电。

月球近几年来被人类看准为能源基地的原因之二，在于它蕴藏有大量的原料氦 -3 和重氢(氘)。根据"阿波罗"宇宙飞船从月球上带回的样品分析表明，月球的地层里除含有大量的有色金属外，还含有一种最引人注目的原料氦 -3 和重氢(氘)。在月球上提炼这些金属，由于那里没有空气，提炼出的金属纯度很高。如果在月球上提炼氦 -3 和重氢(氘)，会产生大量的水、氢、氧、氦、碳等物质，这些物质恰好是月球上没有的，可以给人类提供在月球上生存的条件，还可以给飞往其他天体的飞行器提供氢、氧作燃料，它和现在利用的核能相比，有很多优点。用氦 -3 作燃料的核反应堆几乎不产生中子，反应堆外壁不受损害，可以用得很久，而且污染很小，废料容易处理，是人类控制聚变反应速度以后最理想的核能。

风是一种新能源

风能获得新生,各国大力开发风能的原因很多,其中有三个重要方面:

(1)能源问题已成为当今世界瞩目的大事,常规能源发生危机,各国都在大力开发新能源。

(2)风能为太阳能的一种形式,只要太阳不灭,它就取之不尽,用之不竭。据估计全世界可利用的风能约为 10 亿千瓦,比水利资源多 10 多倍。光陆地上的风能就相当于目前全部火力发电量的一半。

(3)投资少,建成后使用价廉,且无污染。

对于风能的利用,现在世界有两种方式:一种是采用风力机械设备,把风能转变成机械能,直接为人们所用,例如,风力提水灌溉、饮牲畜,就是这种方式;另一种则是采用风力发电设备,把风能转变成机械能,再将机械能转变成电能,这就是风力发电。

对于风能利用的前景,联合国 1979 年发表的《能源报告丛刊》中,提出了十分诱人的数字。1985 年,装机容量 5×10^5 千瓦,输出功率 1.5×10^9 千瓦·小时／年;1990 年,装机容量为: 1×10^7 千瓦,输出功率 3×10^{10} 千瓦·小时／年;2000 年,装机容量 2×10^8 千瓦,输出功率 9×10^{11} 千瓦·小时／年。

风及其利用

地球的表面是一层厚厚的大气包围着的，这层气体也叫空气，它的总厚度大约 1000 千米，根据不同的物理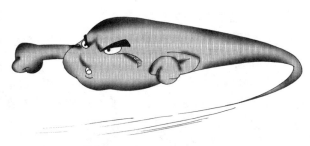特性，大气层可划分成对流层、平流层、中间层、热层和散逸层。风这种自然现象就产生在对流层里。在对流层的上部，由于温度低，冷空气就会沉到下部，下部的暖空气就会浮升向上，于是空气就会发生上下翻腾，这就造成空气对流现象。同时，太阳光照射到地球上，由于各地辐射能量不均衡，地球表面各地区吸热能力不同，便引起各处气温的差异，冷热空气形成对流，这就是风。

风是一种自然能源。有人估计过，地球上的风能相当惊人，它相当于目前全世界能源总消耗量的 100 倍，据估计，太阳给地球的辐射热量约有 2% 被转换为风能了。

风能利用的研究与开发，将在新能源的研究中占有一定的地位。不过风能也有它许多弱点，如风力的不经常性和分散性，时大时小，时无时有，方向不定，变幻莫测，若用来发电则带来调速、调向、蓄能等特殊要求；此外，空气密度极小，仅是水的密度的 1/816，因此要获得与水能同样的功率，风力机的风轮直径要比水轮机的叶轮直径大几百倍；风能利用必须解决的问题，是如何降低风力发电机叶片的巨大制造成本，提高转子的效率，延长发电机寿命等。

中国的风能资源

风能丰富区:风速 3 米／秒以上超过半年、6 米／秒以上超过 2200 小时的地区。如克拉玛依、甘肃的敦煌、内蒙古的二连等地,沿海的大连、威海、嵊泗、舟山、平潭一带。有效风能密度超过 200 瓦／平方米,有些海岛可达 300 瓦／平方米以上,福建台山岛高达

525.5 瓦／平方米,3～20 米／秒风速的有效风力出现频率达 70%,全年在 6000 小时以上。

风能较丰富地区:指一年内风速超过 3 米／秒,在 4000 小时以上,6 米／秒以上的时间多于 1500 小时的地区,包括西藏高原的班戈地区、唐古拉山,西北的奇台、塔城,华北北部的集宁、锡林浩特、乌兰浩特;东北的嫩江、牡丹江、营口,以及沿海的塘沽、烟台、莱州湾、温州一带。该区风力资源的特点是有效风能密度为 150～200 瓦／平方米,3～20 米／秒风速出现的全年累积时间为 4000～5000 小时。

风能可利用区:指一年内风速大于 6 米／秒的时间为 1000 小时,风速 3 米／秒以上,超过 3000 小时的地区。如乌鲁木齐,吐鲁番、哈密、酒泉、银川、太原、北京、沈阳、济南、上海、合肥等地区。该区有效风能密度在 50～150 瓦／平方米、风速 3～20 米／秒,年出现时间为 2000～4000 小时。

风力发电形势好

风力用于发电,才不到 100 年的时间,但它却以其强大的生命力,成为今天风能开发利用的主力军。

国际上现有风力电站,按容量大小,可分为大、中、小三种。容量在 10 千瓦以下的为小型,10～100 千瓦为中型,100 千瓦以上的为大型。中小型风力发电设备的技术问题已经解决,主要用于充电、照明、卫星地面站、灯塔和导航设备的电源,以及边远地区人口稀少而民用电力达不到的地方。过去这种中小型风力电站都是孤立运行的,近期有的国家已与电网并列运行。

目前,世界最大的风力发电装置已在丹麦日德兰半岛西海岸投入运行,发电能力为 2000 千瓦,风车高 57 米,所发电量 75%送入电网,其余供附近一所学校用电。

大型风力发电设备,由于风轮直径大,制造困难,材料强度要求苛刻,以及风轮与发电机之间的传动问题,还未完全解决,因此,大型风力发电站仍处于研究试验阶段。近 20 年来,风力发电在世界许多国家有较大发展,包括电子计算机在内的大量新技术和新材料应用到风力发电领域,新一代风力发电机已经出现,品种和装机量日益增多。从过去只有单机运行发展到多机并联发电的风力田技术。

巧用风能

风能有其最大的弱点：能量密度低，稳定性差，常受天然气候影响、不连续(有季节性变化)等。人们为了克服风能的上述弱点，便想出了一些补救方法，如风光互补系统、风力蓄水发电等，再加上人造龙卷风发电、风帆助航、风力制热等，就构成了利用风能的多种形式。风光互补系统：风力发电与太阳电池发电组成的联合供电系统，称为风光互补系统。风力发电和太阳电池发电都可输出直流电，同时可以用蓄电池组充电，并靠蓄电池向负荷提供稳定的电能。

风力蓄水发电：就是利用风力提水机，或风力发电带动水泵抽水，从而实现蓄能发电的水电站。在风力资源较好的地区，使风轮机不停地运转，将水电站的下游水打回水库，可以增加水电站的发电量。

利用风力提水蓄能，充分利用水蓄能不仅经济可行，而且提高已有水电站的设备利用率。

人造龙卷风发电：在海洋和沙漠上空，由于太阳的辐射，热气流上升，冷空气下沉，形成上下流动的风。科学家们根据这种情况设计了一种巨大的筒状物，并让它飘浮在海洋或沙漠上空，然后用人工方式引导气流在筒内上下升降，从而驱动涡轮机进行风力发电。以色列的风能塔，就是利用这种方法试验建成的。

风能利用形式

风力独立供电，即风力发电机输出的电能经过蓄电池向负荷供电的运行方式，一般微小型风力发电机多采用这种方式，适用于偏远地区的农村、牧区、海岛等地方使用。

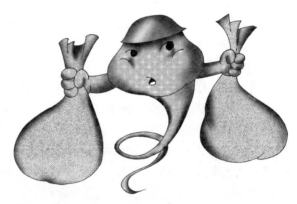

风力并网供电，即风力发电机与电网连接，向电网输送电能的运行方式。这种方式通常为中大型风力发电机所采用，无须考虑蓄能。

风力、柴油供电系统，即一种能量互补的供电方式，将风力发电机和柴油发电机组合在一个系统内，向负荷供电。在电网覆盖不到的偏远地区，这种系统可以提供稳定可靠和持续的电能。

风、光系统，即将风力发电机与太阳能电池组成一个联合的供电系统，也是一种能量互补的供电方式。如果在季风气候区，采用这一系统可全年提供比较稳定的电能输出，可做补充供电。

风帆助航，虽然是一种古老的应用风能的方式，但今天也不失为海上动力。1980 年，日本建成了世界上第一艘现代风帆助航船——"新爱德"号，它有两个面积为 12.15 米 ×8 米的矩形硬帆，其剖面为层流翼形，采用现代的空气动力学新技术。风帆助航可以减少消耗 10%～15%的燃料。另外，风力制热是近几年才开始发展的风能利用形式。

风能采暖

　　风通常带来的是凉爽和寒冷。在唐诗中有"日暮秋风起""静听松风寒"等诗句,都是描写风的凉爽和寒冷的。但风作为一种自然能源,从能量转换角度来说,它能产生机械能、热能和电能。北风凛冽,寒潮袭来之时,正是风力强劲,利用风能采暖的好时候。

　　将风能转换为热能,一般可通过三种途径:一是经电能转换为热能;风能→机械能→电能→热能;二是通过热泵转换为热能:风能→机械能→空气压缩能→热能;三是直接转换:风能→机械能→热能。前两种是三级能量转换,后一种是两级能量转换,风轮轴输出的机械动力直接驱动致热器。转换次数越少,能量损失也就越小。所以由风能直接转换成热能,即不经过发电环节,因此越来越受到各国的重视。实现直接热转换的致热器,有以下几种:固体摩擦、搅拌液体、挤压液体和涡电流式。

　　风能直接热转换的效率高、用途广,除了提供热水外,也可作为采暖和生产用热的热力来源。如野外作业场所的防冻保温、水产养殖等。这项技术近十几年来,在一些国家发展很快。通过一些国家的试验,风能直接热转换已展现出美好的前景。

风力田

风力田,是指在同一场地上安装几十甚至上百台的风力发电机组。科学家认为,在一块土地上"种植"风力发电机,同种植其他作物"收获"有共同的特点,甚至收获更大一些,所以称之为"风力田"或"风力农场"。

1978 年,美国最早提出风力田。一年以后,在加利福尼亚州旧金山附近建起一座风力田,它由 20 台 50 千瓦风力发电机组成,总容量为 1 兆瓦。后来,加利福尼亚州又陆续建成十几座风力田。

中国从 1985 年开始,在山东半岛、福建平潭岛建立小规模示范性风力田,后来又在新疆、东南沿海一带建立了风力田。发展风力田的先决条件:首先,当地的风能资源丰富,例如美国加利福尼亚州、中国东南沿海及附近岛屿,内蒙古、甘肃走廊、新疆等地,风力发电机全年运行时数不低于 2500 小时,安装地点的年平均风速不低于 7.2 米／秒或 10 米／秒。其次,风力田必须和电网或常规电站并联运行,一般电网容量应比风力田装机容量大 10 倍,以保证风力田发电的稳定性,才不会引起电网供电出现大的波动。总之,风力田是风力发电的发展方向,是未来大规模开发利用风能的主要形式。

海洋能的种类

海洋中蕴藏着洁净的、可再生的、取之不尽的能源，包括潮能、波能、流能、热能和盐能。在这些能源中，潮汐能、潮流能来源于月球和太阳的引力，其他海洋能直接或间接来源于太阳的辐射。潮汐能、波浪能、海流及潮流能是力能，海洋温差能是热能，海洋盐度差能是渗透压能，又简称盐能。

这些海洋能都是可以再生的，只要日月在运转，风在不停地吹，太阳在闪光，江河在奔流，这些海洋能就会永无穷尽。但是，人类过去使用的能源仅仅来自陆地，真正的海洋能源基本上没有动用。

1981 年联合国教科文组织公布，全世界海洋能的理论可再生总量约为 800 亿千瓦，现在技术上实现的开发海洋能资源起码有近百亿千瓦。专家测算，无论是海洋能的理论可再生总量，还是现在实际开发能源资源总量，都远远超过这个数字。

就全球海洋能理论数值 800 亿千瓦来说，其中温差能为 400 亿千瓦，盐差能为 300 亿千瓦，潮汐和波浪能各为 45 亿千瓦，海流能为 10 亿千瓦，但难以实现全部取用。设想只能利用较强的海流、潮汐和波浪。因此，估计技术上允许利用功率为 64 亿千瓦，其中盐差能 30 亿千瓦，温差能 20 亿千瓦，波浪能 10 亿千瓦，海流能 3 亿千瓦，潮汐能 1 亿千瓦。

海 洋 能

什么叫海洋能,目前还没有一个确切公认的定义,但顾名思义,由海洋中的海水所产生的能量,都可视为海洋能。例如,海水运动所产生的能量,即海洋动力能;海水温度差异所产生的能量,叫作海洋热能;海水中生物产生的能量,称为海洋生物能。此外,还有以物质资源形式存在的其他能源,如海水中的铀、重水都是十分重要的能源。

海洋是一个庞大的蓄能库,海水中蕴藏的海洋能来源于太阳能和天体对地球的引力。只要有海水存在,海洋能永远不会枯竭,所以人们常说海洋能是取之不尽,用之不竭的新能源。在能源大家族中,海洋能属于"小字辈",开发利用的历史很短。自从 20 世纪 60 年代世界能源出现危机以来,人们才对海洋能发生兴趣,加快了对海洋能开发利用的步伐,并取得了令人欣喜的进展。

目前,在各种海洋能的开发利用方面,多数均处于试验阶段,少部分达到实际使用水平。其中潮汐能的开发利用走在最前面,开发技术基本成熟;潮汐能发电的规模开始从中、小型向大型化发展。海浪能的开发利用处在试验阶段,都处于中小型规模;海水温度差能发电开始从小型试验阶段向中型过渡,发展势头迅猛;海水盐度差能的开发利用在海洋能中最落后,尚处在原理性研究和工程设想阶段。

潮 汐 能

　　到过海边的人，都会发现海水有周期性的涨落现象。海水的这种有规律的周期运动，就是大家熟知的海洋潮汐现象。古人把海水白天的上涨叫作"潮"，晚上的上涨叫作"汐"。合起来总称为"潮汐"。

　　是谁把海水掀起来又推下去的呢？古代的科学家们早已洞察到潮汐和月球的吸引力有关。海洋潮汐现象，无论发生在什么地方，总是从两个方面表现出来。一方面是海面的高度发生不断的变化，即海水垂直方向上的升降运动，时高时低的海面使海水具有位能。另外，汹涌的潮水，排空而来，即海水向水平方向的运动，流动的海水又产生动能。而海水的涨落和潮流的运动，永远是一起产生，一起存在。

　　潮位的涨落和潮流的流动，使海水中蕴藏着巨大的势能（位能）和动能，这就是可以开发的一种海洋能——潮汐能。据科学家估计，地球上的潮汐能有30亿千瓦，其中可以开发发电的为2200亿度。地球上因潮汐涨落而没有被利用的能量比目前世界上所有的水力发电量还要多100倍！

　　潮汐能量的大小，受海岸地形，地理位置的影响。潮汐能在海水深度不大，在狭窄的浅海港湾是相当可观的，而在三角港河口的涌潮的能量就更为可观了。如果把举世闻名的钱塘江涌潮的能量用来发电，发电量可为三门峡水电站的1/2。

潮汐发电

潮汐能是一种巨大的能量,据初步统计,全世界海洋一次涨落循环的能量为 8×10^{12} 千瓦,比世界上所有水电站的发电量要大出 100 倍,全世界的潮汐能约 30 亿千瓦,是目前全球发电能力的 1.6 倍。

潮汐发电是现代利用潮汐能的一种基本方式。潮汐发电原理与河流水力发电的原理是相似的。它可以分成两种形式:一种是利用潮流的动力推动水轮机,水轮机带动发电机发电,称为潮流发电;另一种是潮位发电,就是在河口、海湾处修筑堤坝,形成一个水库,涨潮时打开堤坝的闸门,让海水涌入水库,落潮时将闸门关闭,造成坝内坝外有一个水位差(落差),就像河流水库开闸发电一样,利用落差的势能,推动水轮发电机组发电,通常称为潮汐发电。

从理论来说,潮汐势能的大小,也就是潮汐电站可能的装机容量,是可以用公式计算出来的。就半日潮而言,潮汐电站装机容量 P,可以用以下公式计算: $P = 200H^2 \cdot S$(千瓦)式中:H——代表平均潮差(米),S——代表平均水库面积(平方千米)。

不难看出,潮汐势能的大小与潮差(H)的平方成正比,潮差(H)越大,潮汐电站的可能装机容量(P)就越大,发电量也相应增加;同时还与水库面积(S)成正比,如果想得到较大的发电量,就要修筑大水库。

潮汐发电站

　　按照电站的运行方式来分,可分单向和双向两种。单向潮汐发电站只利用涨潮进水或落潮放水时,水库内外的水位差发电。浙江岳浦潮汐电站就是这种形式的电站。双向潮汐发电站,就是涨潮进水和落潮放水时都用来发电,它的发电时间长,发电量比单向的大,但电站投资较高,广东省的镇口潮汐电站就是这种形式。

　　按照电站水库的布置形式来分,可分成单库式和双库式。前面的例子都是单库式发电站。双库式潮汐电站,有一个高水位水库,一个低水位水库,高位水库与海、低位水库与海,以及高低库之间都有拦水坝,电站修筑在高低水库之间。当涨潮时的潮位高于高库水位,高库闸门打开,高库进水,水位增高;此时低库闸门关闭,水位不变。当高低库水位达到一定落差时,开启电站闸门,水从高库流向低库,驱动水轮发电机组发电。过了高潮,当海面下降到与高库水位相等时,关闭高库闸门。那时,高库低库仍保持一定落差继续发电。当潮位降落到低于低库水位时,打开低库闸门,低库水外流,水位下降,使高低库之间还保持一定落差继续发电。海面经过低潮开始回升到与低库水位相等时,关闭低库闸门。海面升到等于高库水位时,打开高库闸门,在这段时间内,高低库之间仍保持一定落差继续发电。

潮汐电站的组成

目前,所有潮汐发电站,不管什么形式,大体上总是由三部分组成:

第一部分,坝体。用来阻拦海水,以形成水库,是发电站的主体部分。坝体的长度和高度,根据当地的地理条件和潮差大小来决定。因为潮差不会很大,所以坝体的高度一般要比河流水力发电站的拦河坝低。

第二部分,引水系统。由各种闸门、引水渠道组成,它的主要作用是造成水库水面和海面,以及高低库之间的落差,这样才能推动水轮发电机组发电。

第三部分,是以水轮发电机组为主体的发电设备和输电线路。发电设备安装在坝体的水下部位,是发电站的心脏。发电设备的安装常常是在现场水下施工。

目前的潮汐发电站有一个共同的弱点,必须选择有港湾的地方,修筑蓄水坝,建坝的造价昂贵,可能损坏生态自然环境,同时又有泥沙淤积库内,必须经常清理。

近年来,西班牙科学家安东尼·伊尔温斯·阿尔瓦,对利用潮汐发电产生了极大兴趣,并发明了不用建筑蓄水坝就可以在无港湾的开阔沿岸海区,利用潮汐发电的技术,虽然从发明到实施还会有一段过程,但他已使潮汐能的开发利用产生了革命性的变化。

海浪发电装置

广阔的海洋,风大浪高,巨浪千里,涵有巨大的能量。据估计,海浪的能量在1平方千米的海面上,波浪运动每秒钟就有25万千瓦的能量。

早在20世纪40年代,就有人对波浪发电进行研究和试验;50年代出现了可供应用的波浪发电装置;60年代进入了实用阶段。现在全世界已研制成功几百种不同的波浪发电装置,主要可归纳为四类:

一是浮力式,利用海面浮体受波浪上下颠簸引起的运动,通过机械传动带动发电机发电;二是空气汽轮机方式,利用波浪的上下运动,产生空气流,以推动空气汽轮机发电;三是波浪整流方式,该装置由高、低水位区及不可逆阀门组成,当该装置处于浪峰时,海水由阀门进入高水位区,当它处于波谷时,高水位区的水流向低水位区,再流回海里,这种装置就是利用两水位之间的水流推动水型水轮机工作;四是液压方式,利用波浪发电装置的上下摆动或转动,带动液压马达,产生高压水流推动涡轮发电机。

波浪发电比其他的发电方式安全、不耗费燃料,清洁而无污染,如果在沿海岸设置一系列波浪发电装置,还可起到防波堤的作用。

海浪能发电

1898 年,法国科学家弗勒特切尔,从打气筒给自行车打气得到了启发:打气筒一拉一推的简单动作,是由人力来完成的,海水的波浪正是上下起伏运动的,这一动作为什么不能让海水的波浪来完成呢?于是,他设计了一个带有圆柱筒的浮体,用海浪的上下运动压缩圆柱筒内的空气。弗勒特切尔的这次试验,不是利用海浪给自行车打气,而是去吹动一只哨笛,让它发出如同老牛低沉的吼声。人们把这样的浮体安装在航行有危险的地方,警告来往船只,这就是海上的"警笛浮标",或称"零号"。它是人们直接利用海浪能的初级形式。

既然海浪在圆柱筒内造成的压缩空气能够吹响哨笛,为什么不可以驱动汽轮发电机发电呢?实现这个设想的是法国人波拉岁奎,他于1910 年在法国海边的悬崖处,设置了一座固定垂直管道式的海浪发电装置,并获得了 1 千瓦的电力。这次成功大大地鼓舞着热心于海浪发电的科学家们。

从此以后,关于利用海浪发电的设想、原理、结构、形式如雨后春笋,不断涌现。但基本原理仍然是打气筒原理,打气筒是人从上面一下一下地压活塞,而浮标则是从下面借助波浪的起伏运动一下一下地向上推活塞。由活塞与浮标的相对运动,产生的压缩空气来推动涡轮机,并带动发电机发电。

海流的种类

　　海流的类型很多。按海流产生的原因有:密度流、风海流、潮流和补偿流四种;在海洋学中,又常常根据温度,将海流分成暖流和寒流两种。

　　由海水密度不均匀形成的海流叫密度流。风对海面的作用,造成海水的流动,称为风海流。月球和太阳引潮力引起的潮汐现象表现在水平方向上的运动,这就是另一种形式的海流——潮流。海流的温度高于所流过海区的海水温度,这种海流叫暖流;海流的温度低于所流过海区的海水温度,这种海流叫寒流。

　　海流蕴藏着巨大的能量,是海洋能中不可忽视的可开发性能源。利用海流发电有许多优点,它不必像潮汐发电那样,需要修筑大坝,担心泥沙淤积;也不像海浪发电那样,电力输出不稳定。目前海流发电虽然还处在小型试验阶段,它的发展还不及潮汐发电和海浪发电,但人们相信,海流发电将以稳定可靠、装置简单的优点在海洋能的开发利用中独树一帜。

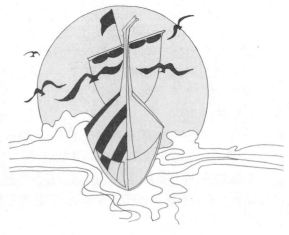

　　海流发电装置的基本形式,与风车、水车相似,所以海流发电装置常被称为水下"风"车,或潮流水车。

潮流发电

　　海水在受月亮和太阳的引力产生潮位升降现象(潮汐)的同时,还产生周期性的水平流动,这就是人们所说的潮流。由于潮流和潮汐有共同的成因(都是由月亮和太阳的引力产生的)、有共同的特性(都是以日月相对地球运转的周期为自己变化的周期),因此,人们把潮流和潮汐比作一对"双胞胎"。所不同的只是潮流要比潮汐复杂一些,它除了有流向的变化外,还有流速的变化。

　　由于潮流的流速很大,因此,潮流蕴藏有巨大的能量,可以用来发电。潮流发电的原理和风车的原理相似,都是利用潮流的冲击力,使水轮机的螺旋桨迅速旋转带动发电机。潮流发电的水轮机有多种形式,比较简易的是潮流发电船。发出的电流通过电缆输送到陆地上。潮流的流向是有周期性变化的,尤其是往复流动潮流流向的周期性变化更为显著。这样,安装在船体两侧的水轮机螺旋桨应对称,并且方向相反,以便顺流时由一侧螺旋桨旋转发电,逆流时就由另一侧的螺旋桨旋转发电。据计算,直径为 50 米的螺旋桨,可以利用通过海水能量的15%,在潮流流速为每小时6海里,一台发电机能发出约4千瓦的电量。

海水温差发电

　　1948年，法国开始在非洲科特迪瓦首都阿比让附近修造一座海水温差发电站，这是世界上第一座海水温差试验发电站。这里海水表层水温高达28℃，数百米深的海水温度只有8℃，既可以在这里获得温差为20℃的冷热海水，又不必安装又长又深的冷水管道，所以这里的自然条件十分理想。

　　世界上第一座海水温差试验发电站的发电原理，还是克劳德于1929～1930年试验时所采用的原理，即把表层温度高的海水用泵泵进蒸发器，温海水在低压下蒸发，产生的水蒸气推动汽轮发电机发电，工作后的水蒸气沿着管道进入冷凝器，水蒸气被冷却凝结成水后排出。冷凝器内不断用泵泵入深层冷海水，冷海水冷却了水蒸气后又回到海里。作为工作物质的海水，一次使用后就不再重复使用，工作物质与外界相通，所以称这样的循环为开式循环。

　　当时这座海水温差发电站，安装了两台为3500千瓦的发电机组，总功率为7000千瓦，它不但可以获得电能，而且还可以获得很多有用

的副产品。例如，一是温海水在蒸发器内蒸发后所留下的浓缩水，可被用来提炼很多有用的化工产品；二是水蒸气在冷凝器内冷却后可以得到大量的淡水。

生物质能源

生物质能，包括农作物秸秆、薪柴，可作能源的巨藻、海带，以及通过微生物发酵制成的沼气和酒精，从热化学途径获取的合成气和甲醇，还有种植能源作物提取植物燃料油等，是世界上最广泛的一种可再生能源。据估计，每年地球上经光合作用生成的生物质，总量约为1440亿～1800亿吨(干重)，相当于目前全世界总能耗的3～8倍。但是，人们实际利用的生物质能量远没有这么多，而且利用效率也不高。据统计，生物质能至今只占全球总能耗量的6%～13%，其中发展中国家消耗量比较大，占总量的30%左右。

目前发展生物质能的主要任务，一是广泛种植能源作物，包括种植薪炭林，含油料高的作物、石油树等，二是加强生物质的汽化、液化、微生物发酵，热化学处理，将生物质能转化为化学能和电能，提高能源效率。

回眸人类历史，生物质能曾是最古老的能源。今天在一些国家的广大农村，薪炭仍然是人们经常使用的主要能源。在世界各地，由于煤和石油的消耗过快，出现能源危机的时候，再加上煤炭等矿物能源对环境的污染严重，所以薪炭等生物质能源的种植、开发、利用，又重新引起人们的重视。不过，重新利用薪炭能，决不会使用原始薪炭林，而是人工栽种快速生长的林木，或含油高的植物。在使用方面，也不会直接燃烧薪炭能源，而是经过汽化、液化等加工处理，充分利用其热能。

生物能源的潜力

从人类历史发展来看，生物质确实为人类提供了基本的燃料——薪柴。在自然界，植物的叶绿素在阳光照射下，经过光合作用，把水和二氧化碳转化为碳水化合物一类的化学能，这种化学能就是生物质能的基本来源。然后，人们取薪柴为燃料，把这种化学能又转变成热能的。

科学家们估计，地球上蕴藏的生物质可达1.8万亿吨，而植物每年经太阳的光合作用生成的生物质总共为1440亿~1800亿吨(干重)，大约等于当今世界能源消耗总量的10倍。若包括动物排泄的粪便，其数量就更大了。但是，目前人们实际利用的生物质能量还非常小，而且利用效率也不高，据粗略估计，最多也不过占世界总能耗的15%左右。

全世界约25亿人生活能源的90%以上是生物质能，其中主要是经济比较落后的发展中国家。

在能源大家族中，生物质能是最富有的成员，国际能源局的调查报告显示，地球上年产的生物质能是人类年消费能源总量的上千倍。

生物质的汽化

生物物质，像秸秆、柴草等，在一定的条件下可以转化成气体燃料。例如，通过热化学转化，可以生成煤气，通常人们叫木煤气。而通过生物化学转化，又能生成另外一种可以燃烧的气体，就是沼气。

生物质的热化学转化，使用的原料是柴草和各种农作物的秸秆。把原料装在汽化器里，在高温、缺氧和汽化剂的作用下分解，产生出一氧化碳和氢气。每立方米木煤气燃烧时，发出 900～2700 大卡热。

热解产生的木煤气，含有二氧化碳和水蒸气等的杂质，是一种不纯净的低热值气体燃料。不过可以用来烧锅炉、取暖、烘干和烧水做饭。如果经净化处理，也可以作内燃机的燃料，用来作动力和发电使用。

生物质的生物化学转化，就是利用厌氧微生物在缺少氧气的条件下，把生物质转化成沼气。它的原料除了含木质素比较多的东西以外，还包括粪便、作物秸秆、杂草树叶、水生植物等。通常能把一半左右的有机物转化成甲烷和二氧化碳的混合气体。沼气的热值比较高，每立方米可以达到 5000～6000 大卡，是一种适合用作炊事和动力的优质燃料。同时，沼气池中剩下的渣子或污泥还是一种优质的有机肥。

生物质能工程

　　许多科学家设想,如果把植物的光合效率提高到5‰以上,这样植物的生长速度将会快得惊人,这就是如何利用生物工程开发生物质能的问题。利用生物工程开发生物质能方面,目前已经出现了一些可喜的初步研究,例如,利用基因工程、细胞工程和微生物工程等科学技术,开辟生物能的新领域。

　　利用生物工程培养植物高速生长,世界一些国家已经作出了成就。新西兰培育了一种高光效植物,它能在一年之内,使一个树芽繁殖100万株树苗,三个月内幼树可长高1.5米。美国宾夕法尼亚州立大学,育出一种杂交的杨树,能使6‰的太阳光能转化为碳水化合物,美国加利福尼亚大学培育的热带大戟科植物,每公顷(1 公顷≈0.01 平方千米) 可产油约100桶。最近,中国科学院石家庄农业现代化研究所,培养树苗,年产能力达150万株,他们在高度集约化立体培养架上,,每平方米一次可生产试管苗1万株,相当于常规密植育苗的10倍以上。

　　这些高科技成果,给人们带来极大的希望,预示着人类将从植物身上取得绿色燃料的突破。现代科技为培育开发生物质能创造了条件,可为人类提供价廉、清洁、高效、方便的燃料。"绿色燃料"——生物质能的发展前景将是十分广阔的。

生物质能用场多

各种生物质不仅可以提供燃料，而且将为人类提供机器部件、生活用品、各种化学原料。

生物质发电：美国1992年用木材和其他植物原料发电，相当于6个核电站。大部分小型生物能电站约为标准燃煤电站规模的10%，且采用较低级技术锅炉和蒸汽机发电。生物质发电新型技术才起步，各国的能源开发组织正在研究燃烧整体树发电新工艺技术，例如，夏威夷太平洋国际高科技研究中心建了一座小型工业汽化器，把甘蔗废料转换成在涡轮机中燃烧发电的气体。所以人们认为，生物质能是有最大潜力的再生资源，在未来可望对发电业作出重大贡献。

生物原油：一些国家已研制出一种有价值的新技术，可以把能源作物和有丰富纤维素的废料转换成生物原油。这种甜腻带色，具相容性的浓浆液是制造各种化学品的原料，包括生物降解塑料、黏合剂及氧化汽油，如三甲基丁基醚，它能降低一氧化碳排放和其他污染。将来，再造汽油可替代现用多种污染型汽油。

广泛利用生物能源作燃料，有许多使用化石能源作燃料不可比拟的优点，例如产生的二氧化碳更少，城市的空气更洁净，地球更适于生存；可以替代石油、煤和天然气等燃料，另外还可使农村经济复兴等。

乙醇和甲醇

　　利用生物质经微生物发酵制取酒精的技术早已成熟,这与一般酿酒工业是一样的。用来制酒的原料都是以糖基生物质、淀粉类生物质,如甘蔗、甜菜、玉米、高粱、甘薯等,经酶解转化为糖而制取酒精的。

　　利用生物质制取酒精,最关键的问题不是技术本身,而是经济价值。据近年来的实践证明,生物质制取酒精是可取的,开展综合利用能获得更多的能量,有利于工业和农业的发展,是解决能源问题的途径之一。

　　酒精的热值虽然比汽油低,但自燃点比汽油高,所以抗爆性好。一般将酒精和汽油掺和使用,可提高汽油的抗爆性,增加酒精的低温蒸发力,效果比较好。一般酒精的掺入量为15%~25%,可以大量节省汽油。酒精也可以同柴油掺和使用。

　　生物质制取甲醇,可以从合成气或甲烷(沼气)催化得到,也可用木材汽化法获得。对于木质素资源丰富的地方而言,生物质制甲醇也是可行的。甲醇可以直接用于汽油机,或掺入汽油中用于内燃机。它能代替汽油或柴油。优点是抗爆性高,机器的出力和燃烧效率均有所增加。全部使用甲醇,发动机效率可提高25%~45%,同时烟气排放污染物少。所以,充分利用森林和农业废弃物来生产甲醇,把甲醇燃料变为高档燃料,是很有意义的。

沼 气

人们经常看见湖泊、池塘、沼泽里，一串串大大小小的气泡从水底的污泥中冒出来。如果有意识地用一根棍子搅动池底的污泥，用玻璃瓶收集逸出的气体，那么就可以做一个有趣的化学小实验了。很快将点燃的火柴接近瓶口，瓶口立即升起

一股淡蓝色的火焰。再将一个广口瓶罩在火焰上，待一会儿拿下来，能观察到这个广口瓶壁上附有小水珠。如果再将石灰水倒入广口瓶里，石灰水就会变得浑浊起来。

这个实验反应，说明了两个问题：一是说明了从湖沼中收集来的气体，是可以燃烧的气体；二是说明了这种气体燃烧时生成水和二氧化碳，所以气体成分中一定含有氢(H)和碳(C)。实际上，人和动物的粪便、动植物的遗体、工业和农业的有机物废渣、废液等，在一定温度、湿度、酸度和缺氧的条件下，经过嫌气性微生物发酵作用，可以产生可燃气体。因为这种气体最先是在沼泽、池塘中发现的，所以人们称它为"沼气"。

化学分析结果表明，沼气的化学成分比较复杂，一般以甲烷为主，含量为 60%～70%；其次是二氧化碳，含量为 30%～35%；还有少量的氢气、氮气、硫化氢气、水蒸气、一氧化碳和少量高级的碳氢化合物。

沼气的主要成分

沼气的主要成分甲烷，在常温下是一种无色、无臭、无味、无毒的气体。但沼气中的其他成分，如硫化氢却有臭蒜味或臭鸡蛋味，而且还有毒。但值得注意的是，最近几年有人从沼气中发现有少量（约万分之几）的磷化氢气体，这是一种剧毒气体，它也许是沼气中毒的重要原因之一。

甲烷是一种比空气轻的气体，密度是 0.717 克／升，甲烷在水中的溶解度很低，因此可以用水封的容器来储存它，在常温下甲烷为气态。

甲烷是一种简单的有机化合物，是良好的气体燃料。甲烷在燃烧时产生淡蓝色的火焰，并放出大量热量。在标准状态下，1 立方米纯甲烷的发热值为 9400 千卡，1 立方米沼气的发热值为 510～6500 千卡。当空气中混有 5.3%(浓度下限)至 15.4%(浓度上限)的甲烷时，点燃时能爆炸。沼气机就是利用这个原理推动汽缸内的活塞做功的。

甲烷的化学性质非常稳定，在正常状态下，甲烷对酸、碱、氧化剂等物质都不发生反应，但容易跟氯气反应，生成各种氯的衍生物，如一氯甲烷，二氯甲烷等，把甲烷加热到1000℃以上，它就会分解为碳和氢。

制取沼气

沼气可以人工制取。把有机物质,如人畜粪便、动植物遗体、工农业有机物废渣、废液等,投入沼气发酵池中,经过多种微生物(统称沼气细菌)的作用,就可以获得沼气。沼气细菌分解有机物产生沼气的过程,叫作沼气发酵。

研究微生物产生沼气已有 100 多年的历史。早在 1866 年,勃加姆波首先指出甲烷的形成是一种微生物学的过程。以后,经过许多科学家的研究,逐步建立起厌氧发酵制取沼气的工艺。

沼气微生物(产甲烷菌群)广泛存在于自然界中,例如湖泊、沼泽的底层污泥中,有机物质经沼气微生物的发酵作用而产生出可燃气体,自水中冒出来。人们有意识地建造的沼气发生器,就叫"沼气池"。沼气池中通常填入人畜粪便、秸秆和杂草等有机物质,在密闭缺氧的情况下进行发酵,产生沼气。在这种发酵池中产生沼气,是由多种微生物共同完成的。除甲烷菌外,还有纤维素分解菌、半纤维素分解菌、蛋白质分解菌、脂肪分解菌和醋酸菌等。其中,纤维素分解菌能产生一种溶解纤维素的生物催化剂——纤维素酶,它能把秸秆中数量巨大的纤维素变成葡萄糖。蛋白质分解菌是专门使蛋白质分解成氨基酸。醋酸菌专门生成醋酸、氢和二氧化碳。这些不同的细菌都能直接或间接地为甲烷菌提供养分,从而促进甲烷生成。

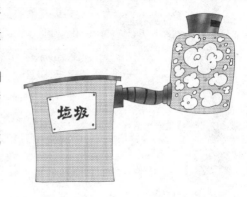

沼气的发酵过程

人的粪便、动植物遗体，以及其他一些有机物质怎样转变成可燃气体——沼气？这就是沼气的发酵过程，即必须经发酵过程，才能得到沼气。沼气发酵过程，大体上要经过三个阶段：

一是液化阶段。一些微生物的胞外酶，如纤维素酶、淀粉酶、蛋白酶和脂肪酶等，对有机物质进行体外酶解，将多糖水解成单糖或二糖，将蛋白质分解成多肽和氨基酸，将脂肪分解成甘油和脂肪酸。通过酶解，固体有机物转化成为可溶于水的物质。这些液化产物进入微生物细胞，参加微生物细胞内的生物化学反应。

二是产酸阶段。液化产物进入微生物细胞后，在胞内酶的作用下，进一步转化成小分子化合物，如低级脂肪酸、醇等。其中主要是挥发酸，包括醋酸、丙酸和丁酸，醋酸最多，约占80%。

液化阶段和产酸阶段，是一个连续反应过程，统称为不产甲烷阶段。

三是产甲烷阶段。在这个阶段中，产氨细菌大量活动，从而使氨态氮浓度增加，氧化还原反应降低，为甲烷细菌提供了适宜的环境，甲烷细菌的数量大大增加，开始大量产生甲烷。这是沼气发酵的最后阶段。

人工制取沼气，最关键问题是创造一个适合沼气细菌生长、发育、繁殖、代谢等所需要的基本条件，如温度、湿度、酸度等，所以，沼气发酵是在特定的沼气池中进行的。

制造沼气的温度

制造沼气需要有适宜的温度，才能提高单位体积发酵液每日处理的有机物量和产气率。同时在处理量相同的条件下，缩短发酵时间。

根据有关资料介绍，沼气细菌在5℃~60℃之间都能活动，不过温度越低，它的活动能力越差，产生的沼气就越少。根据沼气发酵的实际情况，通常分为高温、中温和常温三种类型。1.高温发酵：一般温度范围在50℃~55℃。2.中温发酵：一般温度范围在30℃~35℃。3.常温发酵：一般温度范围在10℃~35℃。

由中温发酵转到高温发酵，或由高温发酵转到中温发酵，发酵都受到明显的抑制。实践表明，高温发酵比中温发酵的有机物处理量和产气率约大2~5倍。高温发酵优于中温发酵，它能大大减小发酵池的容积，但是温度比较难维持。

农村沼气发酵池因受条件限制，一般都在30℃以下发酵，温度越高，产气量越大。为了保证常温发酵时温度的相对恒定，减少气温的影响，可以采取以下措施：一是沼气池建于背风向阳处，发酵间建于冻土层以下。二是沼气池的进料口、出料口要加盖，并在上面覆盖泥土或柴草。三是沼气池建在猪圈、厕所、厨房下面。四是利用太阳能，提高沼气池内发酵液的温度。

沼气应用广泛

在农村、城镇、工厂，有丰富的沼气发酵原料，对于发展沼气很有利。沼气的用途很广，既是一种新型的无污染的能源，又是可贵的化工原料。

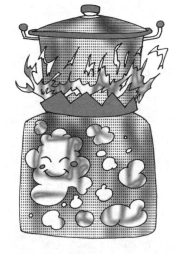

沼气用作农家燃料：沼气是农村中理想的家庭燃料。用来煮饭、点灯。在用沼气代替柴草后，农民家庭卫生面貌可以得到很大程度的改善。

用作农村机械动力能源：沼气可以直接用作煤气机的燃料。用沼气开动内燃机，可完成碾米、磨面、抽水、发电等工作。近年来，用沼气做汽车和拖拉机燃料，它可同用天然气、汽油当燃料相比，热值很高。沼气作为农村机械动力能源有重大的现实意义：一是沼气用于农业机械可降低生产成本；二是沼气是就地取材的能源，方便且经济实惠；三是沼气是生物质能，取之不尽，用之不竭。

用作化工原料：沼气的主要成分——甲烷在高温下能分解成碳和氢，因此，甲烷可以用来制造氢气和炭黑，并可进一步制造乙炔，合成汽油、酒精、塑料、人造皮革、人造纤维等重要的化工产品。

总而言之，沼气是一种清洁的能源、廉价的能源，它可以分散生产，就地使用，投资少，周期短，见效快。

发展薪炭林

薪炭林，又叫能源林。营造薪炭林的目的是提供薪柴和木炭，解决能源需要。不过种植薪炭林可一举三得，即生产效益、生态效益和社会效益。目前有些国家已经采取集约经营林地的方式，培育优良速生高产树种和苗木，采用新的造林工艺和农业园艺的耕作措施来发展薪炭林。他们在经过耕作的土地上，密植树苗，每公顷土地种数千株树苗，并且运用施肥、浇灌等经营措施，使树木迅速成长。幼树经过 2～10 年的生长，然后轮伐作薪炭用。

发展薪炭林，必须选择优良的速生树种，根据当地气候条件和土壤情况，进行合理种植。对外来树种要驯化，先试种，然后大面积急速推广。应特别重视改良当地树种，使其达到生长快，产量高的要求。

近年来，不仅发展中国家种植薪炭林，许多发达国家也开始种植薪炭林。目的不完全在于解决直接的生活用能，而作为木质气化炉解决某些生产的辅助能源，甚至用木材发电，以尽量减少对石油和煤炭的依赖。

未来的农村，人们把发展薪炭林同发展农业、牧业、养蜂业、养蚕业、烤烟、制砖、制陶、制茶等结合起来，使森林能源永续不衰，取之不尽，用之不竭。木质燃料不含硫，燃烧的剩余物是理想的肥料。开发森林能源有利于森林更新，提高营林水平，促进木材采运的现代化。

薪炭林的树种

发展薪炭林,选择树种很重要。中美洲产出一种"新银合欢树",它生长迅速,适应性强,根系发达,繁殖容易。菲律宾有一种能产柴油的"柴油树",每棵树可年产 5 千克油;巴西热带雨林中有一种"苦配巴"石油树,可在树干上"割油",每株树年产 20 千克油;中国海南岛上的油楠树,一棵树可年产 25 千克油。美国加利福尼亚大学利用遗传工程法培养出"石油明星树",每英亩年产石油 10 桶,可连续收获 20～30 年。

实践表明,目前世界上比较优良的薪炭树种有:加拿大杨、意大利杨、美国梧桐、红桤木、桉、松、刺槐、冷杉、柳、沼泽桦、梓树、火炬树、大叶相思、牧豆树等。近来中国发展的适合作薪炭的树种有:银合欢、柴穗槐、沙枣、旱柳、杞柳、泡桐树等,有的地方种植薪炭林三五年就见效,平均每亩(1 亩≈666.7 平方米)薪炭林可产干柴 1 吨。

选择薪炭林树种的原则:(1)生存能力强。耐土壤盐碱、耐旱,不怕昆虫、动物啃食,能抗不利环境因子。(2)速生快长。薪炭材产量高,轮伐期短。(3)萌生力强。一次造林,常年采伐。(4)木材热值高。木材的比重是衡量热值的显著标志,对于烧木炭用的薪炭材尤其重要。

巨藻是能源新秀

巨藻，可生长在大陆架海域和湖泊沼泽中。巨藻称得上是植物界的巨人。一般有70~80米长，最长的可达500米。巨藻可以用于提炼藻胶，制造五光十色的塑料、纤维板，也可以用来制药物。

近年来，科学家们对巨藻进行了新的研究，发现它含有丰富的甲烷成分，可以用来制取煤气。美国有关方面乐观地估计，这一新的绿色能源具有诱人的前景。将来，它甚至可以满足美国对甲烷的需求。

巨藻可以在大陆架海域进行大规模养殖。由于成藻的叶片较集中于海水表面，为机械化收割提供了有利条件。巨藻的生长速度是极为惊人的，每昼夜可长高30厘米，一年可以收3次。科学家在美国西海岸培育一种巨型海藻，它植根于海底岩石，生长极其迅速，一昼夜能长60厘米长。

淡水藻广泛分布在世界各地的湖泊沼泽中。将数十至数百个藻体集中在一起，便可形成约0.1毫米的藻块。2克重的藻块在10天内就可增生到10克，其中约含5克的石油。将这种藻块过滤收集在一起，与特殊的溶剂搅拌混合，除去溶剂后就只剩下石油。

石油植物

所谓"石油树"或"石油植物"，即那些可以直接生产工业用"燃料油"，或经发酵加工可生产"燃料油"的植物的总称，例如，戟科中的绿玉树、三角戟、续随子等。这些石油树能生产低分子量氢化合物，加工后可合成汽油或柴油的代用品。

在南美洲亚马孙河的原始森林中，有一种叫苦配巴的乔木，其直径可达1米，如在它的树干上钻一个直径5厘米的孔，2小时左右就会流出近2千克金黄色的油状树液。这种树液不经任何处理，就可直接作为柴油机汽车的燃料，且排出不含硫化物的废气，不污染空气。因此，人们称苦配巴为"柴油树"。目前巴西正在试种这种树，以期获取大量的"柴油"。在菲律宾也有一种能产生可燃树汁的野生果树，叫杭牙树。其果实、树根和树干都能分泌出一种含有烯和烷成分的树液，用火柴一点就能燃烧。最近，澳大利亚的科学家从桉叶藤、半角瓜两种多年生的野草中，提炼出了类似于石油的燃料。这两种草生长速度快，一年可以收割好几次。

中国也有能源树。在海南岛的原始森林中，有一种能产"柴油"的大乔木——油楠树，树高30多米，直径可达1米以上。当其长到10米多高、树径达半米左右时，即开始产油了。从油楠树的断面流出的这种油状树液，每株可达25千克，最多的可达50千克。这种油经过滤后，可直接作为发动机的燃料。

石油植物园

世界上许多国家都开始"石油植物"及其栽种的研究,并通过引种栽培,建立起新的能源基地——"石油植物园""能源农场",专家预计,在 21 世纪初"石油植物"的栽培、种植将由几个国家的科学试验,转向为许多国家的普遍种植,能源农场将如雨后春笋般地兴起。关于建立"能源农场"的设想,却是在一种特殊情况下提出来的,它对于人类在21 世纪启用植物"石油"能源有着深远的意义。1973 年,石油输出国组织成员国临时停止向美国出口石油,因此,美国教授卡尔想出了建立"能源农场"这个主意,到现在已经几十年了,这个设想已在不少国家开始试验。

"能源农场"里,种植最理想的生物燃料作物,应具有高效光合能力。芒属作物可算是一种理想的生物燃料作物。这种植物具有许多优点:生长迅速、燃烧完全、成本低、产量高等。

在"能源农场",农民们利用高科技,例如,人们利用基因工程、细胞工程、微生物工程,促使能源作物向高速生长、产油率高等优质高效转化。未来的高技术农场,有些类似人类祖先的田园。农民用种植的能源作物,生产电力、生物降解柴油、运输燃料乙醇、重整氧化汽油、塑料、润滑油、胶合剂及其他化学品。

地球是个大热库

在中国著名的地质学家李四光看来,打开地下热库(开发地热资源),同开采煤和石油,有着同等重要的意义,因为地热是可供人类利用的一种新能源。他经常告诉人们:"地球是一个庞大的热库,有源源不绝的热源。"李四光曾在《地热》中写道:"从钻探和开矿的经验看来,越到地下的深处,温度确实越来越高。……在亚洲大致 40 米上下增加 1℃(中国大庆 20 米,房山 50 米),在欧洲绝大多数地区是 28～36 米增加 1℃,在北美绝大多数地区为 40～50 米增加 1℃。我们假定每加深 100 米地温增加 3℃,那么只要往下走 40 千米,地下温度就可以到 1200℃……"

有人计算过,假若把地球上储存的煤,燃烧时放出的热量当作 100 的话,那么地球上储存的石油只有煤的 3%,核燃料才为煤的 15%,而地热则为煤的 1.7 亿倍。李四光看到了这个惊人的数字,他大声疾呼:"我们现在不注意对地下储存的庞大热能的利用,而把地球表层给我们留下来的珍贵遗产,像煤炭这样大量由丰富多彩的物质集中构成的原料,不管青红皂白,一概当成燃料烧掉,这是无可弥补的损失。"

地热能比化石燃料丰富得多,它大约是油气资源所能提供能量的 5 万倍,每天从地球内部传到地面的能量,就相当于全人类一天使用能量的 2.5 倍。

地热能潜力巨大

人们把蕴藏在地球内部的热能叫作地热。地热能可分两种类型：一是以地热水或蒸汽形式存在的水热型；另一种则是以干热岩体形式存在的干热型。干热岩体热能是未来大规模发展地热发电的真正潜力。

　　根据记载，人类以原始方式利用地热资源的历史，比煤和石油要早得多。但是，仅在 20 世纪，地热能才被大规模地用于发电、供暖和工农业生产。1904 年在意大利拉得瑞罗首次利用地热蒸汽发电成功，而较具规模的地热城市供暖，则始于 20 世纪 30 年代(冰岛)。地热利用的步伐在 20 世纪 70 年代初开始加快，据统计，1975～1995 年的 20 年间，全球范围内地热发电每年大约以 9% 的速率增长，而地热直接利用的增长率略低，约为 6%，到 2000 年 2 月，全世界地热发电总装机容量已达 7947 兆瓦，而 1999 年底，地热直接利用的总量为 1.62 万兆瓦。

　　作为新能源大家族中的一员，地热能目前在整个能源结构中的地位是很小的。但作为一种正在快速发展中的新能源，将日益发挥更大的作用。在新能源中，地热能的装机容量已占 60% 以上，年产能值则更是高达 80% 左右。地热能是清洁的，无污染的、廉价的能源，未来在新能源中将起着十分重要的作用。

地热能的类型

(1) 水热型地热资源。地热区储存有大量水分,水从周围储热岩体中获得了热量。地热水的储量较大,约为已探明的地热资源的10%,温度范围从接近室温到高达390℃。

水热型地热资源又可分为低温型和高温型两类。低温型一般为5℃~150℃(也有人把100℃~150℃称为中温地热)。高温型水温在150℃以上,个别的高达422℃(意大利的那布勒斯地热田)。

(2) 干蒸汽型地热资源。地壳深部的热水由于地下静压力很大,水的沸点也升高。高温水热系统处于深地层中,就算温度达到300℃,也是呈液体状态存在。但这种高温热水一旦上升,压力减小,就会沸腾汽化,产生饱和蒸汽,往往连水带气一道喷出,所以又叫"湿蒸汽系统"。如果含有饱和蒸汽地层封闭很好,而且热水排放量大于补给量的时候,就会出现连续喷出蒸汽,而缺乏液态水汽,这就称为干蒸汽。这类地热能比较罕见,但利用价值最高。现有的地热电站中约有3/4属于这种类型。

(3) 干热岩型地热资源。地热区无水,而岩石温度很高(在1000℃以上)。若要利用这种热能,需凿井,将地表水灌入地热区,使水同灼热岩体接触,形成热水或蒸汽,然后再提升到地面上来使用。美国墨西哥湾沿岸的地热区就是这种类型。

地 热 田

地热田即在目前工艺条件可以开采的深度内，富集有经济价值的地热资源的地域。也就是说，地热田是地热集中分布，而具有开采价值的地区。目前，可以开发的地热田有两大类型：

(1) 热水田。该地区富集的主要是热水，水温一般为 60℃～120℃。这里地下热水的形成过程大致可分为两种情况。一是深循环型。地下水在岩石裂隙中流动过程中，不断吸收周围岩石的热量，逐渐被加热成地下热水。渗流越深，水温越高，地下水被加热后体积要膨胀，在下部强大的压力作用下，它们又沿着另外的岩石缝隙向地表流动，成为浅埋藏的地下热水，如果露出地面，就成为温泉。二是特殊热源型。地下深处的高温灼热的岩浆，沿着断裂上升，如果岩浆冲出地表，就形成火山爆发。

(2) 蒸汽田。蒸汽田内由水蒸气和高温热水组成，它的形成条件是：热储水层的上覆盖层透水性很差，而且没有裂隙。这样，由于盖层的隔水、隔热作用，盖层下面的储水层在长期受热的条件下，就聚集成为具有一定压力、温度的大量蒸汽和热水的蒸汽田。

蒸汽田按物质喷出井口的状态，又可分为干蒸汽田和湿蒸气田。干蒸汽田喷出的是纯蒸汽，而无热水，湿蒸汽田喷出的是蒸汽与热水的混合物。

地热资源的分布

地热资源是指地壳表层以下,到地下 3000～5000 米的深度以内,聚集 15℃以上的岩石和热流体所含总热量。据估计,全球地热资源的总量约为 2554×10^{24} 焦耳,相当于全球现产煤总发热量的 2000 多倍。但是,地热资源的分布很不平衡。它主要分布在板块构造的接触带上。环球性的地热带有四个:

(1) 环太平洋地热带。它是世界最大的太平洋板块与美洲、欧洲、印度板块的碰撞边。世界许多著名的地热田都分布在这个带上。如美国的盖瑟尔斯、长谷、罗斯福,墨西哥的塞罗、普列托,新西兰的怀腊开,中国的台湾马槽等。

(2) 地中海—喜马拉雅地热带。它是欧亚板块与亚洲板块和印度板块的碰撞边界。世界第一座地热发电站意大利的拉德瑞罗地热田就位于这个地热带上,中国西藏羊八井及云南腾冲地热田也在这个地热带上。

(3) 大西洋中脊地热带。这是大西洋板块开裂部位。冰岛的克拉弗拉、纳马菲亚尔和亚速尔群岛等一些地热田,就位于这个地热带。

(4) 红海—亚丁湾—东非裂谷地热带。它包括吉布提、埃塞俄比亚、肯尼亚等国的地热田。

中国地热分布

中国蕴藏着丰富的地热资源。目前已知的热水点有3430个,遍布全国。中国的地热资源大致呈两大密集带,即东部沿海带和西藏、云南带。按特点可分为六个地热带:

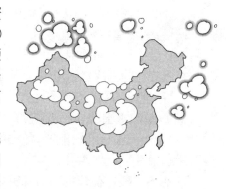

(1) 藏滇地热带。包括冈底斯山、念青唐古拉山以南,特别是沿雅鲁藏布江流域,东至怒江和澜沧江,向南转入云南腾冲火山区。这一带水热活动强烈,地热显示集中。羊八井地热田发电站,位于拉萨附近,1985年已向拉萨开始送电。

(2) 台湾地热带。主要集中在东、西两条强震集中发生区。北部大屯复式火山区是一个大的地热田,热田发电潜力可达8万~20万千瓦。

(3) 东南沿海地热带。包括福建、广东、浙江、江西和湖南的一部分地区。

(4) 山东—安徽庐江断裂地热带。这条地壳断裂很深,至今还有活动。

(5) 川滇南北向地热带。主要分布在昆明到康定一线的南北向狭长地带,以低温热水型资源为主。

(6) 祁吕弧形地热带。包括河北、山西、汾渭谷地、秦岭及祁连山等地,甚至向东北延伸到辽南一带。

低温地热的利用

低温地热是指100℃以下的地热水。据20世纪90年代的统计,世界各国低温地热直接利用的能量,折算成发电能力大约为720万千瓦,合240亿千瓦小时的电,其中日本、匈牙利、冰岛、法国和中国的用量最大,直接利用的容量约为34万千瓦。

按低温地热的温度梯级和当地的需要不同,可以综合开发,一水多用。即从地热水出口的较高温度开始,逐级取热。例如,有的地方先把地热水用于采暖、干燥、制冷,然后用于温室、养殖,而后用于洗浴、疗养,最后做农田灌溉等用。

(1) 地热供暖。在有地热资源的地方,采用地热供暖是十分必要的,它比烧锅炉供暖要好得多,不仅节约煤炭等燃料,而且有利于改善环境,防止烟尘污染。

(2) 地热制冷。基本原理与太阳能制冷差不多。这种热源的改变,对制冷效率会有提高,因为地热水比较稳定。

(3) 地热温室。实际上是以地热为主要热源采暖。其采暖方法可分为热水采暖、热风采暖和地下采暖。此外,还可以利用低温地热水进行水产养殖,温泉水医疗等。

温泉与农业

温泉在农业上应用很早，中国唐代就已经用温泉水浇灌瓜果了。在诗人王建的《华清宫》诗中就写有"分得园内温汤水，二月中旬已进瓜"的佳句。不过，温泉水大面积地用于农副业生产，造福于人民，仅仅是近半个世纪的事。尤其是近 20 多年来，利用温泉水培育农作物新品种的科学试验，已经取得可喜成果。

用温泉水浸种、育秧、保苗，可使作物的成熟期缩短，提前收获。天津地区用 30℃ 的温泉水浸种，只经过 48 小时，稻种即可发芽，比用冷水浸种可提前 4～5 天。若再用 30℃ 以下的温泉水灌溉，只需 20 天左右，秧苗便可栽插。用凉水灌溉一般则需 40 天左右。所以用温泉水浸种和灌溉，缩短了作物的生长期，这在无霜期短的地区，是大有好处的。在南方，由于用温泉水育秧能避免春寒的袭击，可促进早稻增产。

据实验，地热温室的瓜果蔬菜产量比用煤作燃料的温室，生长出来的瓜果蔬菜产量要高出 50%。

冰岛地热温室之多，使这个位于北极圈附近的岛国，处处春意盎然。冰岛首都雷克雅末克以东的维拉杰迪村，虽距北极圈不足 100 千米，却以盛产水果、蔬菜、花草而驰名全球。

利用地下热水保护不耐寒的水生植物和鱼类越冬，孵化雏鸡，早已试验成功。

温泉与工业

温泉水可用在很多工业生产流程中，既节约了物力和人力，又无污染，有利于环境的清洁卫生。目前世界上许多国家的一些工厂，已把温泉水直接用于锅炉供水，产品加热及纺织、印染、造纸、制革等工业生产的蒸馏、干燥、发酵、空调等工艺流程中。

实验证明，40℃以上的地下热水都可以用来发电。冰岛是世界上地热能利用最广泛的国家之一，早在1976年冰岛的地热能利用已占全国能源消耗的17.8%，20世纪80年代增加到了24%。

另外，来自地下的热水含有多种矿物质，可提取溴、氟、锂、氨、镁、硫黄、芒硝及其盐类等。此外，还可以提取有用的气体。氦是无色无味、仅次于氢的最轻气体之一，液化点很低，可用于空间技术和尖端工业。中国不少温泉含有氦气，有些温泉氦气含量较高，富有提取的价值。氟是重要的工业原料，是发射火箭、导弹、人造卫星所不可缺少的。中国有些温泉氟的含量很高，是提取氟的宝贵资源。

温泉在人民生活方面运用也十分广泛。如用温泉取暖、日用热水的供应、温泉游泳等。其中，利用温泉水取暖既干净，又经济，是地热利用的重要方面之一。

地热发电

地热发电是指利用地下热水和蒸汽建立地热发电站,这是一种新型的发电技术。地热发电的基本原理与普通火力发电相似,也是根据能量转换原理,首先把地热能转换为机械能,然后又把机械能变为电能。

自从 1904 年意大利在拉德瑞罗地热田,建立世界第一座 0.75 马力的地热发电试验装置以来,到 1982 年为 271 万千瓦,每年以 10% 的速度增长。1985 年总装机容量达 520 万千瓦,增长幅度更大。2000 年全世界的地热发电装机容量达 1764 万千瓦,这已经是一个相当惊人的数字了。这就意味着地热发电已能同常规能源发电相竞争。特别是在一些能源缺乏的地区,利用地热发电更为有意义,例如中国的西藏地区,羊八井地热电站投入运转以来,明显地改变了拉萨供电的比例,发挥出新能源的优势。

目前,许多国家都把地热能作为一种新能源来加以利用,特别是在 20 世纪 70 年代初期,兴起了世界性地热发电的热潮。大家对地热发电的青睐,有两个方面的原因:一方面是由于电能更易于输送,且服务具有多样性;另一方面,对于充分开发利用产于比较偏远地区的地热资源,将地热能转变为电能十分重要。因为地热田一般都在偏远地区,电力可在热田就地生产,能运转的时间长,即负荷因素高,不受降雨多少,季节变化、昼夜因素的影响。

核电异彩纷呈

核电就是把原子核裂变反应中释放出来的巨大热能,从回路系统带出,产生蒸汽,驱动汽轮发电机运转发电。利用核能发电的电站,称为核电站。

核电站的基本工作原理是:核燃料(例如铀 −235)在反应堆内进行核裂变的链式反应,产生大量热量,由载热剂(水或气体)带出,在蒸汽发生器中把热量传给水,将水加热成蒸汽来驱动汽轮发电机发电。载热剂把热量传给水后,再用泵把它送回反应堆去吸热,循环应用,不断地把反应堆中释放的原子核能引导出来。核电站中的反应堆和蒸汽发生器相当于火电站中的锅炉,所以有人把它称为"原子锅炉"。

核电站反应堆包括核燃料、减速剂和载热剂三个部分。一是核燃料能够发生核裂变的物质,如铀 −235 等,称为核燃料。有的反应堆用天然铀作核燃料,有的反应堆则用铀 −235 含量较高的浓缩铀做核燃料。二是减速剂的作用是使裂变反应中产生的高速中子尽可能快地减速,成为容易引起铀 −235 裂变的热中子。常用的减速剂有水、重水,此外,石墨也是很好的减速剂。三是依靠载热剂的循环吸收裂变反应放出的热量,使反应堆的温度不致增高,并把热量传输到反应堆外,以供应用。载热剂可用压缩气体、水或钠蒸气等。

核电发展三阶段

在核电发展过程中，可分为三个阶段。有的科学家又把这三个阶段称为第一代、第二代和第三代。

第一代，热中子反应堆，它的核燃料是含 3% 左右的铀 –235 的低浓缩铀，用速度比较慢的中子来轰击铀 –235，使它发生裂变。这种热中子只能使铀 –235 发生裂变，而铀 –235 在天然铀当中只占 0.7% 左右，而 98% 以上都是铀 –238。因此，这 98% 的铀 –238 不能利用，只好当成废料抛弃，造成铀资源的极大浪费，用不了多久，铀矿就会发生枯竭。所以，改变热中子反应堆也迫在眉睫。

第二代，快中子增殖堆。它的燃料是钚 –239 反应堆中没有慢化剂，靠钚 –239 裂变产生的快中子来维持链式裂变反应。其特点是：钚 –239 发生裂变反应放出来的快中子，被装在反应区周围的铀 –238 吸收，又变成钚 –239。就这样，钚 –239 一边燃烧，一边使铀 –238 转变成新的钚 –239，而且新产生的钚 –239 比烧掉的还多，所以称它为快中子增殖堆。这种反应堆，能够提高铀资源使用率 50～60 倍。

第三代，受控聚变堆，它使用的原料是重氢，即氘，这是很丰富的原料，仅海水中的氘就足够人类使用 100 亿年。但是，这种聚变反应需要上亿度高温条件，目前没有任何一种容器可以在这么高的温度下不熔化。

核电开发迅速

核电发展很快，从第二次世界大战以后，军事上的需要使苏联、美、英、法等国，相继发展起本国的原子能工业。这些国家在发展原子能反应堆的基础上，
开始了小型核发电反应堆的研究，到 20 世纪 50 年代，这一研究取得了巨大进展。1954 年 6 月，苏联建成世界上第一座发电功率为 5000 千瓦的核电站，1956 年美国建成一座发电功率为 7.5 万千瓦的核电站。1956 年以后，世界核电站装机容量以年平均 25.5% 的速度递增。目前，全世界已有 26 个国家和地区的 428 座核电站正在运行，核电站的发电量，占世界总发电量的 16% 以上。核电的开发成为世界各国发展能源的潮流。

目前，核电站的反应堆的种类很多，有以气体为载热剂，石墨为减速剂的气冷反应堆；以重水为载热剂和减速剂，以天然铀为燃料的重水堆；以普通水作载热剂和减速剂，以低浓缩的铀 −235 为燃料的轻水堆。

核电站发展为什么这样迅速，因为它有许多优点，例如，它是有效的替代能源、燃料的运输量很小、发电成本低、安全和对环境污染小等。正是因为核电站有这么多的优点，所以，不管是工业发达国家，还是发展中国家，都积极地发展核电站。预计到 21 世纪中期，核电将成为人类的主要能源之一。

原 子 核

自然界所有的物质都是由数不清的分子构成的,分子又由原子构成。

那么,原子是不是"物质的始原",不能再分了呢?不是。19 世纪末到 20 世纪初,一系列的科学实验进一步揭开了原子内部的秘密。1896 年,法国物理学家贝克勒尔,在研究荧光物质时,无意中发现一种含铀的矿物会自发地放出一种看不见的穿透能力很强的射线。后来经过居里夫人等的研究,才知道像铀这样一类的原子,在放出几种看不见的射线以后,会变成另一种元素的原子。

过了一年,人们通过对阴极射线的研究,发现了一种比原子更小的带负电荷的粒子 —— 电子。不论用哪一种金属作实验材料,都能发射电子。这说明,电子确实是任何一种元素原子的组成成分。

又过了十来年,人们用高速粒子轰击金属薄片,发现原子原来并不是一个质量均匀的小球,而是中心有一个密实的核,原子的绝大部分质量都集中在核里。这个核叫作原子核。

如此说来,一个原子就可以分成两部分:即中心部分是一个密实的原子核,带正电荷;核的周围是带负电荷的电子,绕核旋转,这种"电子泡沫"几乎占了原子的全部体积,但是质量却只占整个原子质量的几万或几十万分之一。

1932 年,人们进一步发现,小得微不足道的原子核里,还有更小的粒子 —— 带正电荷的质子和不带电荷的中子。

元素的放射性

　　1896 年,法国物理学家亨利·贝克勒尔从铀盐的实验中,发现了天然放射性,指出铀是一种能放出射线的元素。此发现引起了一位在巴黎大学求学的波兰年轻女学生的浓厚兴趣,此人便是后来与法国物理学家皮埃尔·居里结婚的玛丽·居里,居里夫妇用他们制作的"金箔验电器"作探测器,在对贝克勒尔射线探索的基础上开展了深入研究,并取得了辉煌成就。贝克勒尔把一种铀的化合物放在一块外面包着黑纸的照相底片上, 发现铀的化合物已经透过黑纸在底片上留下放射痕迹。这是人类第一次观察到某些奇异光线的穿透力。这种神秘穿透力的本质是什么?同时,这种奇怪的能源又从何而来?对于皮埃尔·居里和玛丽·居里两人来说,这些问题有着强烈的诱惑力。

　　这就是发现和研究镭的开始。他们检查了铀的特性,发现这种金属的神秘放射现象来自原子的一种放射性能。当时玛丽心想,也许铀

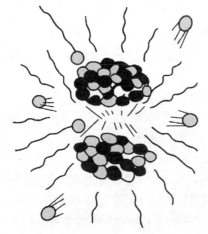

还不是唯一具有放射性的化学元素,可能还有其他的具有更大的"穿透不可穿透的物质"的化学元素。果然她发现了另一种元素——钍。后来她在对铀和钍的化合物的化验中,发现了远比铀和钍发出的射线更加强烈多倍的射线,她最后作出结论:一定存在一种至今尚未发现的未知新元素。经过艰难的研究,终于发现了镭和钋元素。

核 反 应

科学家贝克勒尔发现,铀元素的原子核经过 14 次的放射,原子核的结构有了改变,铀元素的原子也就变成铅元素的原子了。这个过程叫作核反应。天然放射性现象,就是天然发生的核反应过程。

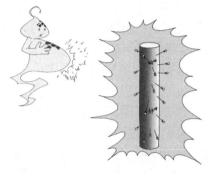

核反应与普通化学反应不同,它使参加反应的原子结构遭到破坏,原子核改变,生成新的元素的原子。但是天然的核反应过程没法用人工控制,放出射线的强弱和多少,没有什么办法去改变它。那么能不能采用人工的方法,把一种原子核变成另一种原子核,把一种元素的原子变成另一种元素的原子呢?

1919 年,英国物理学家卢瑟福首先做到了这一点。他用一种高速的氦原子核去轰击氮原子核,结果得到了两种新的原子——氧和氢的原子。1938 年 12 月,人类终于完成了科学史上的一项重大发现,德国科学家哈恩等经过 6 年的实验,用中子作"炮弹"去轰击铀原子核,铀原子核一分为二,被分裂成两个质量差不多大小的"碎片"——两个新的原子核,产生了两种新元素,同时释放出惊人的巨大能量。这种原子核反应又叫裂变反应,放出的能量就叫裂变能,人们通常所说的原子能或核能,指的就是这种裂变能。即原子能是物质原子发生核反应时所放出的能量,这种能量要比化学能(如煤、石油、天然气燃烧发生化学反应时所产生的能量)大几百万、几千万倍。

原子核能

原子核能是原子核发生变化时释放出来的能量。铀、钍、氘等核燃料中蕴藏着丰富的原子核能。

放射性元素蜕变是原子核能的释放过程。放射性物质的原子核无须外力的作用，就能自发地放出某些高速粒子(如电子、氦核、光子等)并形成射线。放射性元素主要有铀 -238、铀 -235、钍 -232、钾 -40 等。地球内的这些放射性元素蜕变，每年平均产生 5×10^{17} 千卡的热量。

任何物质的原子都是由电子和原子核构成，而原子核本身又是由核子——质子和中子——构成的。化学能就是原子中外层电子运动状态变化时释放出来的能量，例如煤的燃烧是一种化学反应，是煤中碳原子的外层电子和空气中氧原子的外层电子聚积在这两个原子中间生成二氧化碳分子的过程。原子核则不然，例如，氮原子核有 7 个质子和 7 个中子，在 α 核子(氦原子核)的"轰击"下，变成了氧原子核——有 8 个质子和 9 个中子。显然核子的运动状态在反应中发生了显著的变化。伴随着这种变化，有大量能量释放出来，人们就称它为"原子核能"。而把原子中由于外层电子运动状态变化时放出来的能叫"化学能"或"原子能"。

原子核中核子间的相互作用力要比原子之间的相互作用力大得多，原子核能也要比"化学能"大得多。

反应堆

什么是核反应堆呢?简单地说,它是使原子核裂变的链式反应能有控制地持续进行的装置,是利用原子能的一种最重要的大型设备。反应堆的核心部分是堆芯,原子核裂变的链式反应就在这里进行。组成堆芯的核燃料被做成棒状或块状的燃料元件。用中子"点火",链式反应开始,核燃料就马上"燃烧"起来。

裂变过程中产生的中子,多数都飞得很快,快中子不容易引起新的裂变。怎么办呢?可以用水、石墨、铍等慢化剂来减慢它们的速度。慢中子跑得慢,被铀原子核吸收的机会多,容易引起新的核裂变。链式反应不仅需要"点火",而且必须具备一定数量的中子才能维持。堆芯的周围包上一层由水、石墨、铍等做成的反射层,把那些企图"溜"出反应区的中子反射回去,可以减少中子的损失,缩小反应堆的体积。

控制链式反应速度的途径是控制中子的生成量。办法很简单,只要在反应堆里安置一种棒状的控制元件就行了。控制棒使用能强烈吸收中子的镉、硼、铪等材料制作。把控制棒插进反应堆深一点,吸收更多的中子,链式反应规模就减小,反应堆的功率降低;相反,把控制棒从堆内拉出一点,吸收中子减少,链式反应的规模扩大,反应堆的功率也就跟着上升。这就是调节控制棒在反应堆里的位置深浅,就能控制反应堆的运行。

原子能能量巨大

　　放射性元素铀,被轰击后能放出多大的能量?能生成什么物质?这是科学家们首先想知道的问题。1934 年,费米第一个实现铀核裂变,此后,哈恩等在作类似的实验时发现:获得的生成物并不是质量和铀靠近的元素,而是和铀相差很远的钡。后来,哈恩把这种现象告诉了奥地利女物理学家梅特纳。她和她的弟子,在丹麦玻尔研究所工作的弗瑞士反复讨论,终于发现:1 个中子打碎 1 个铀核,能产生大量能量,并放出 2 个中子来;这 2 个中子又打中另外 2 个铀核,产生 2 倍的能量,再放出 4 个中子来;这 4 个中子又打中另外 4 个铀核……以此类推,就会放出比相同质量的化学反应大几百万倍的能量。这就是所谓的"链式反应"。从此,这种"原子能的火花"给世界带来了新的光明。人类获得了一种新的能量——原子能。

　　那么,巨大的原子能来自何处呢?原来,原子核内有三种不同的能量:原子核内粒子的能粒子之间电磁相互作用而产生的电热能;强大的粒子产生的引力势能。这三种能量就是原子核的结合能。当原子核经过变化后,形成新的结合能更大的原子核,就会放出原子核内的能量,这就是原子能。和平利用原子能的最大成就是建立原子能发电站。原子核反应堆产生的热能使水变成水蒸气,水蒸气推动汽轮机转动而发电,原子能为人类提供了一种新的能源。

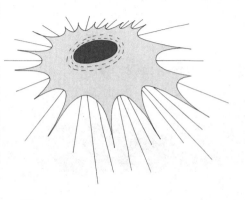

核燃料铀

现在裂变原子能的主要核燃料是铀和钍，它们在地壳中的储量倒是不少，可惜分布非常分散，有工业开采价值的铀、钍矿床实在不多。以铀为例，陆地上的铀矿储量不过几百万吨，在当前各国竞相开发核电的情况下，估计用不了多少年，铀的供应就满足不了要求。

铀矿开采与其他金属矿的开采基本相同。可分为露天开采，地下开采和溶浸法三种。近年来使用溶浸法开采铀矿的国家比较多。它的原理是将溶剂喷洒或注入矿石中，有选择性地溶解矿石中的有用部分，再将溶液抽出处理，该法也称化学采矿。然后进行铀提取。铀提取是将铀矿石加工成含铀 75%～80% 的化学浓缩物（重铀酸钠或重铀酸铵，俗称黄饼）。这是核工业的重要环节，一般要经过配矿、破碎、熔烧、磨矿、浸出、纯化学等工序。针对不同矿石，采用酸法浸出或碱法浸出，这两种方法又各自分为不同的工艺流程。

铀浸出后，不仅铀含量低，而且杂质种类多、含量高，必须去除才能达到核纯要求。这一过程就是纯化。纯化的方法有四种：溶剂萃取法，离子交换法，离子交换与溶剂萃取联合法，沉淀法。

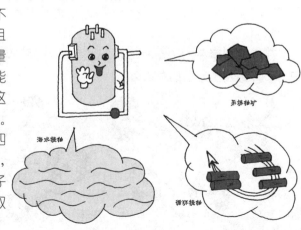

海水提铀

采掘铀矿

循环提铀

裂变反应

重原子核裂变成两个中等质量的原子核，这就是核的裂变。例如，铀-235在中子轰击下，裂变成锶和氙，并释放出大量的热能。

要想使原子反应堆中的核燃料铀-235发生裂变反应，必须用中子去轰击铀核，铀-235核吞食一个中子，分裂成两个中等质量的新原子，如锶和氙，放出两个中子，同时释放出一定量的核能。因为这种中等质量的原子量之和是低于铀-235的，即出现质量亏损，它转变成原子能释放出来。从微观角度看，单个铀原子裂变放出的核能并不引人注目。从宏观角度看，释放出的核能相当惊人。1克铀裂变时，放出的能量相当于燃烧2.5吨煤所得到的热能。

怎样才能让原子核产生裂变呢？必须有一种外界条件，如同我们用煤和木柴烧火取暖一样，想取暖，必须用火把它们点燃，煤和木柴在燃烧的过程中才能把化学能变成热能供我们使用。使原子核裂变放出原子能的手段划一根火柴是无济于事的，而是利用中子去轰击原子核引起裂变。

在自然界存在的铀元素，称为天然铀。天然铀中仅含有0.71%的铀-235，绝大部分是铀-238。

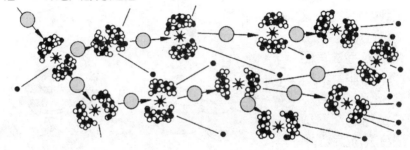

聚变反应

与裂变反应相比,聚变反应正好相反,它是由两个很轻很结实的原子核聚合到一起,变成一个比较重的原子核的核反应。如果裂变反应放出的原子能叫裂变能,那么聚变反应放出的原子能就该叫作聚变能了。

自然界里最轻的元素是氢,它有两个同位素,一个叫氘,另一个叫氚。除了氢以外,其他一些轻元素,如氦、锂、硼等,也可用作聚变反应的核燃料。

聚变反应释放出来的能量有多大呢?1千克氘和氚,通过聚变反应释放出来的能量,同燃烧1万吨优质煤释放出来的能量相等。应该说,聚变反应比裂变反应的威力还大。

怎样使氢原子之间发生聚变反应呢?办法之一是加温,把温度提高到几千万度甚至上亿度,使氢原子核以每秒几百千米的极高速度运动,这才有可能叫它们碰到一起,发生聚变反应,所以聚变反应又称热核反应。

理论计算告诉我们,氢核的聚变需要10亿度以上的高温,氘的聚变点火温度达4亿度以上,氘和氚的热核反应也要在5000万度的高温下才能进行。

人类已经实现了人工热核反应,那就是氢弹爆炸。氢弹爆炸的热核反应是靠装在氢弹内部的一颗小型原子弹的爆炸创造的超高温和高压环境。

聚变核材料

聚变核燃料，也就是热核材料，通常包括氘、氚、锂－6。氕（氢）、氘、氚是同一家族，即氢的同位素。氘广泛地以重水的形式存在于天然水中，海水中氘的含量很低，但总量很可观，超过 23×10^4 亿吨，只是如何提取的问题。氚则是人工制备的放射性核素。锂的同位素有两种，即锂－6 和锂－7。天然锂中锂－6 含 7.5%，锂－7 占 92.5%。在自然界中锂的分布较广，主要赋存在锂辉石和锂云母中。

锂－6 和锂－7 都容易被能量大的中子轰击而产生裂变，同时产生另一物质氚。氘化锂－6 及氢化锂－6 就是产生氘—氚热核聚变反应的固体原料。这种热核反应以瞬间爆炸出现，释放出巨大的能量，这就是大家所熟知的氢弹爆炸。氘化锂－6 就是氢弹爆炸的炸药，1 千克氘化锂的爆炸力相当于 5 万吨三硝基甲苯。

重水的生产有三种方法：即化学交换法、蒸馏法和电解法。重水可直接用在重水核反应堆中作慢化剂和冷却剂。也可进一步电解，把氘与氧分离，与锂－6 化合成氘化锂－6，作为热核能。生产氚有多种方法：锂－6 靶件制造、堆内辐照、熔融提取、杂质净化和同位素分离等，利用加速器也可生产氚。

原子反应堆部件

反应堆的种类很多,如压水堆、沸水堆、重水堆、快中子堆等,但不管什么类型,它们都具有几个相同的组成部分。

防护层:是个高大的预应力钢筋混凝土构筑物,壁厚约 1 米,内表面加有 6 毫米厚的钢衬,有良好的密封性能,能防止放射物泄漏出来。

减速剂和控制棒:减速剂可使中子减速,提高中子击中原子核的效率。减速的方法是使中子与原子核发生碰撞。减速剂有普通水、重水、石墨等。控制棒(包括安全棒),用于控制反应堆的反应性的可动部件。反应堆内链式裂变反应的强弱,可用控制棒予以控制。

堆芯:是放核燃料的地方。相当于普通锅炉的炉膛。核燃料裂变放出的热,可以加热普通水,生产蒸汽,驱动汽轮发电机发电,这就是原子能电站。堆芯是反应堆的核心。热堆堆芯由燃料、慢化剂、控制元件以及结构材料等组成,并有冷却剂从中流过将热能导出。

载热剂:也叫冷却剂。是把反应堆裂变时释放出的已变成热能的原子能输送出来的载热材料。在天然铀做燃料的反应堆中,可用加压二氧化碳气做载热剂。

交换器:载热剂携带着热能流出反应堆,进入热交换器。在热交换器中,不与另一回路的水直接接触就把水变成蒸汽。有一种例外的情况,当载剂是沸腾的水时,蒸汽是在堆内产生的,并直接引入汽轮机。

核 电 站

原子核反应堆的用处很多。从能源角度来说，原子核反应堆可以为潜艇、大型舰船和破冰船等提供动力，也可以用来发电和供热。用来发电的叫核电站；用来供热的叫核供热站。既发电、又供热的叫核热电站。原子发电与一般火力发电的不同之处，不仅是燃料，而且还在于它以反应堆代替锅炉，以原子核裂变释放的能量来加热蒸汽，推动汽轮发电机发电。

核电站是将原子核裂变释放出的核能转变为电能的，所以它的主要设备是：核动力反应堆、蒸汽发生器、稳压器、水泵、汽轮机和发电机等动力设备、安全壳和防护等设备组成。世界上核电站堆型很多，但达到商用规模的却只有五种，即压水堆、沸水堆、重水堆、石墨气冷堆和石墨不冷堆。但是，后两种堆型由于安全和经济方面的原因不再建造了。

世界上第一座核反应堆实验装置于1942年12月2日出现在美国。第一个并网运行的核电站是苏联奥布宁斯科核电站，1954年开始运行，用浓缩铀做燃料，减速剂是石墨，载热剂是加压水，发电量5000千瓦，可供6000居民的小镇用电。其次的核电站是美国的卡德豪尔核电站，于1956年并网运行，电功率是50兆瓦，天然铀做核燃料，石墨和二氧化碳分别为减速剂和冷却剂。

核反应堆热效高

核能不仅能发电,也能供热。它既可以提供工业用热,又可以满足居民取暖。

核电站是利用核反应堆所产生的热,把蒸汽发生器里的水变成水蒸气,然后水蒸气再推动汽轮发电机来发电。汽轮机内的冷却水就把剩下的热量带走了。因此,即使是大型的核电站,发电效率也不高,只有33%左右。这就是说,它的大部分能量都没有被利用,白白地跑掉了。这样既浪费能源,又会造成热污染,怎么办呢?科学家就研究把核电站排出的热水用在家庭取暖、海水淡化、养鱼、灌溉等方面。这样一来,核反应堆的热效率可以提高到50%~60%。可是,考虑安全来说,一般的核电站都远离城市,再加上它的余热的温度又比较低,普遍都在100℃以下,因此,用它来供热就受到一定的限制。要解决好这个问题,最根本的办法还得专门设计一些能够满足供热要求的核反应堆。

根据供热温度的需要,人们把这些特殊的核反应堆供热形式分成三大要素,这就是高温供热、中温供热和低温供热。高温核供热反应堆,它提供的热源的温度比较高,一般是在300℃以上。这种类型的代表是高温气冷反应堆。中温核供热,一般是指供热温度在150℃以上,300℃以下,主要是用在化工、纺织、造纸、制药等部门。高温气冷堆和普通核热电站都能提供中温核供热。低温核供热,一般是指供热温度在150℃以下的核供热系统。

核能的优点

第一，是有效的替代能源。核燃料的体积小而能量大，核能比化学能大几百万倍。1 千克铀 −235 释放的能量相当于 2700 吨标准煤释放的能量。一座 100 万千瓦的大型烧煤电站，每年需要原煤 300 万～400 万吨，运这些煤需要 2760 列火车，相当于每天 8 列火车，还要运走 4000 万吨灰渣，而同功率的压水堆核电站，一年仅耗含铀 −235 量为 3% 的低浓缩铀燃料 28 吨，比烧煤电站节省大量人力物力。

第二，核电站不排放有害物质，不会造成"温室效应"。核电站设置了层层屏障，把"脏"东西都藏在"肚子"里，基本上不排放污染环境的物质，就是放射性污染也比烧煤电站小得多。据统计，核电站正常运行的时候，一年给居民带来的放射性影响，还不到一次 x 光透视所受的剂量。

第三，经济合算，发电成本低。核电站的发电成本比火电厂发电要低 20%～50%。

第四，核能是可持续发展的能源。世界上已探明的铀储量约 500 万吨，钍储量约 275 万吨。这些裂变燃料足够人类使用到聚变能时代。聚变燃料主要是氘和锂，海水中氘的含量约有 0.034 克／升，据估计地球上总的水量约为 138 亿立方米，其中氘的储量约 40 万亿吨；地球上的锂储量有 2000 多亿吨，锂可用来制造氚，足够人类在聚变能时代使用。

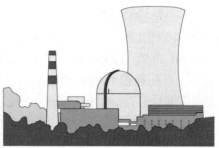

核电站的类型

核电站是一种利用原子核内蕴藏的能量,大规模生产电力的新型发电站。世界上核电站类型很多,达到商用规模的有压水堆、沸水堆、重水堆、快堆等。

压水堆核电站:以压水堆为热源的核电站,压水堆采用低浓(铀 −235 浓度约为 3%)的二氧化铀作燃料,高压水作慢化剂和冷却剂,是目前世界上最为成熟的堆型。沸水堆核电站以沸水堆为热源的核电站。沸水堆是以沸腾轻水为慢化剂和冷却剂并在反应堆压力容器内直接产生饱和蒸汽的动力堆。沸水堆与压水堆同属轻水堆,都具有结构紧凑、安全可靠,建造费用低和负荷跟随能力强等优点。

沸水堆:采用低浓(铀 −235 浓度约为 3%)的二氧化铀作燃料,沸腾水作慢化剂和冷却剂。

重水堆核电站:以重水堆为热源的核电站。重水堆是以重水作慢化剂的反应堆,可以直接利用天然铀作为燃料。重水堆可用轻水或重水作冷却剂,重水堆分压力容器式和压力管式。重水堆核电站是发展较早的核电站。

快堆核电站:由快中子引起链式裂变反应所释放出来的热能转换为电能的核电站。快堆在运行中既消耗裂变材料,又生产新裂变材料,而且所产多于所耗,能实现核裂变材料增殖。在快堆中,铀 −238 原则上都能转换成钚 −239 而得以使用。快堆可将铀资源的利用率提高到 60%～70%。

核能很安全

从半个多世纪核能使用的情况证明,使用核能是安全的。从核电站反应堆的结构和安全设施来看,核电站有四道安全屏障。在轻水堆核电站中,为防止放射性物质的泄漏,人们对核电站设置了四道安全屏障:

第一道安全屏障——燃料芯块。核裂变产生的放射性物质98%以上滞留在二氧化铀陶瓷芯块中。

第二道安全屏障——燃料包壳。指头大的燃料芯块叠装在锆合金管中,把管子密封起来。组成燃料元件棒。称为燃料元件包壳管,它能够把核燃料裂变产生的放射性物质密封住,防止其进入一回路水中。

第三道安全屏障——压力容器(反应堆冷却剂压力边界)。由核燃料构成的堆芯封闭在壁厚20厘米的钢质压力容器内,压力容器和整个一回路都是耐高压的,放射性物质不会漏到反应堆厂房中。

第四道安全屏障——安全壳。反应堆厂房(安全壳)是一个高大的预应力钢筋混凝土构筑物,壁厚约1米,内表面加有6毫米厚的钢衬,有良好的密封性能,能防止放射性进入环境。一回路的设备都安装在这里。安全壳内还设有安全注水系统、安全壳喷淋系统、消气系统、空气净化和冷却系统等。安全壳能承受极限事故引起的内压和温度剧增,能承受龙卷风、地震等自然灾害,能承受外来冲击,如飞机坠毁的撞击。

寄希望于聚变能

科学家认为，人类最终解决能源的途径，是充分利用核聚变能。

核聚变的燃料主要是氢、氘、氚。氘和氚都是氢的同位素，它们的原子结构与氢相同，都是一个电子围绕着一个原子核，只是原子核的组成不同。自然界里的水，几乎是用之不竭的，因此氢的数量也是难以计算的。氘的含量虽然不多，但在浩瀚的大海里，氘的总量也超过了 23×10^4 亿吨，足够人类使用几十亿年之久。

氢弹爆炸，就是在超高压和高温情况下，氘和氚的聚变反应。不过氢弹能很难直接利用，因为它的能量是在瞬间放出来的。只有受控的热核反应才便于我们利用，受控的热核反应的研究，目的就在于想方设法让聚变能慢慢地释放出来。要实现这一目的有两个难题要解决：第一，是激发热核反应的高温（高达数百万、数千万度，甚至上亿度）；第二，是控制反应速度，是相当困难的。

要想实现受控的热核反应，必须把高达上亿度的、最低密度为每立方厘米 10^{21} 个的等离子体束缚在长达1秒的时间内。据研究，核聚变可分为磁约束聚变和惯性约束聚变。磁约束核聚变的研究开始于20世纪40年代，到20世纪60年代已有较大的进展。惯性约束核聚变研究起步于20世纪60年代。国际上比较乐观的估计是，聚变堆在2040年左右可能实现商业化。

氢是高能物质

氢在化学元素周期表上,排在第一位,一般情况下是呈气体状态。氢气比空气轻,所以像探测高空气象用的气球、节日里放的彩色气球,大都是充的氢气。氢气在氧气中燃烧时,释放出来的温度可以达到

2500℃的高温,因此用它来切割钢铁或者焊接钢铁。氢燃烧所释放出来的能量,按单位重量来计算,超过任何一种有机燃料,比汽油的能量还要高出3倍,所以是一种新型的高能燃料。

由于氢气在燃烧过程中,只产生水,而没有灰渣和废气,不会污染环境,所以,它又是一种清洁的、无污染的燃料。氢既可以代替煤炭、石油和天然气,用在日常生活中,也可以用在工业上,成为一种新能源。

由于氢"才华"超群,近年备受各国能源专家特殊青睐。20世纪50年代,在航空事业上,利用液态氢做超音速和亚音速飞机燃料,使B-52双引擎轰炸机改装氢发动机,实现了氢能飞机上天。1957年地球卫星上天,1963年宇宙飞船遨游太空,1968年阿波罗号飞船登上月球等,都渗透着氢燃料不可磨灭的功绩。

氢的同位素是重氢,即氘和氚。它们都是第三代核能(聚变核能)的燃料。重氢核聚变产生的能量比铀原子核裂变释放出的能量大若干倍。

锂是新能源

锂在元素周期表上分布在表的左上角，第二周期，原子序数为3。锂发现于1817年，应用于20世纪50年代。锂有两个同位素，名叫锂 −6 和锂 −7。它可用于受控热核聚变发电站，熔融的锂将作为一种冷却液用于聚变反应堆堆芯、裂变反应堆堆芯；还可作为氚的一个来源，这是重要的聚变元素。因为锂 −6 和锂 −7 在能量大的中子轰击下，容易裂变成氚和氦。氘化锂 −6 及氢化锂 −6 就是产生氘——氚热核聚变反应的固体原料。氘化锂 −6，就是氢弹爆炸的炸药。1 千克氘化锂 −6 的爆炸力，相当于 5 万吨烈性炸药。

从世界上使用锂作能源的情况看，1 千克锂，具有的能量大致相当于 4000 吨原煤的热量，每年生产 70 亿度电仅需消耗 1.6 吨重水(322 千克氘)和 8.5 吨天然锂(676 千克锂 −6)。这样，锂的消耗量很小，所以总成本很低，还不到总成本的 10%，然而，相反的却是它的能量比铀 −235 裂变生产的能量高好多倍。

由此可见，锂确是一种能源元素。地质科学工作者发现，世界锂的矿山储量估计为 240 万吨，海水中的锂含量丰富，每吨海水中含有 0.17 克锂。中国西藏的不少盐湖中蕴藏着丰富的锂，据初步估算，其潜在储量居世界前列。人们十分重视锂的开发和利用，让这"姗姗来迟"的"金属新贵"，发挥出自身的热量。

优先发展水电

为什么许多国家都优先发展水电呢?这是因为,在常规能源中,水力是理想的能源,它有六大优点:

一是水力是可以再生的能源,能年复一年地循环使用,而煤炭、石油、天然气都是消耗性的能源,逐年开采,剩余的越来越少,甚至将来总有一天会完全枯竭。二是水电用的是不花钱的燃料,发电成本低,积累多,投资回收快,大中型水电站一般3~5年就可收回全部投资。三是水电没有污染,是一种干净的能源。四是水电站一般都有防洪、灌溉、航运、养殖、美化环境、旅游等综合经济效益。五是水电投资跟火电投资差不多,施工工期也并不长,属于短期近利工程。六是操作、管理人员少,一般不到火电的1/3人员就足够了。

水力发电技术是利用水体不同部位的势能之差,它跟落差和流量的乘积成正比,即落差越大,河流的流量越大,水能就越大。世界上许多国家,例如美洲、欧洲、亚洲的一些国家,地势高差大,降水量丰富,众多河流蕴藏着丰富的水能资源,河流纵横,径流量巨大,水能蕴藏量丰富。目前水力发电的发电量占世界能源的7%,据专家估计,到21世纪20年代将会有较大的发展。

水能资源丰富

地球上成千上万条川流不息的江河，为人类提供了丰富的水力资源。人类很早就利用江水冲动水轮机打谷、碾米。然而，直到1878年法国建立了世界上第一个水电站后，才为水能的充分利用开辟了广阔的前景。19世纪末，20世纪初，是水力发电迅速发展的阶段。目前，水力是仅次于石油、天然气、煤炭的主要能源。根据联合国发表的资料表明，水力发电在全世界发电量中占23%。

一般把江河中的水流所蕴藏着的巨大能量称为水能，或叫水力资源。构成江河水能的基本要素主要有两个，即流量和落差。流量，指单位时间内的水流流过某一过水断面的水量。它的单位为立方米／秒。一般说来，过水断面大，流速快，流量也大；过水断面小，流速慢，流量也小。落差，河流某一段两端的高程差，就叫这一段河流的落差。而河源到河口的高程差，叫这条河流的总落差。河流的流量大，落差又大，则蕴藏的水能资源就越丰富。

全世界水能资源蕴藏量极其丰富，估计在50亿千瓦以上。经济可用的水能资源每年可发电44.3万亿度。如能全部开发，可满足当前世界能源总需要量的1/7。据统计，目前世界各国已建水电站装机容量为4亿千瓦，年发电量4亿度，开发利用程度为17%左右。

水能分布不均

世界水能资源的地理分布是不均匀的。一般来说,在降水丰富、地形崎岖的地区,水能资源蕴藏量较大;而降水较少,地势平坦的地区,水能资源则比较少。根据降水量多少,世界水能资源,主要分布在三个地带:

一是亚洲、非洲和拉丁美洲的赤道地带。这些地区终年多雨,一般年降水量在 2000 毫米以上,河网密布,水量丰沛,水能资源都比较丰富。但是,这里主要是发展中国家,水能资源开发利用程度很低。

二是东亚和南亚的山麓迎风地带。包括中国的南部和西南部、印度的东北部、中南半岛、日本、朝鲜等国家和地区,除日本外,水能开发利用率也比较低。这里是典型的热带季风、亚热带季风和温带季风气候区,降水量比较丰富,水能资源较多。

三是中纬度的大陆西岸地带。这些地区地处西风带,受海洋和西风气流的影响,降水较多,且季节分配均匀,许多河流蕴藏着丰富的水能资源。例如,北美洲的太平洋沿岸,西欧、北欧和南欧面向西风的迎风地带,不仅水能资源丰富,而且开发利用率比较高,是目前世界水电站的重要分布地区之一。

世界的水能资源,各大洲也是不平衡的。按目前可能开发的资源估算,以亚洲最多,约占世界的 36%,其次是非洲、拉丁美洲和北美洲,以大洋洲最少,仅占世界的 2%。按人口平均每人占有的水能资源,则以大洋洲最多,欧洲最少。

可开发水能资源

根据1992年《能源资源调查》中统计的数据结果，世界理论水能蕴藏量为34.69万亿千瓦·小时／年，可开发水能资源为13.97万亿千瓦·小时／年。中国、苏联、巴西的水电年发电量都在1万亿千瓦·小时以上。排在第四至第十位的国家依次为加拿大、印度、扎伊尔、美国、哥伦比亚、秘鲁和印度尼西亚，他们的水电年发电量在4000亿千瓦·小时以上。

目前，世界上有10大河流域，可开发水能资源是相当可观的。其中水能资源最多的是中国的长江流域，全流域可开发装机容量达2.27万万千瓦，年电量1.1亿千瓦·小时，占全国总电量的50%以上；其次，南美洲亚马孙河流域，可开发水电装机容量1.8万万千瓦，年发电量1.02万亿千瓦·小时；第三位是非洲的刚果河流，可开发水电装机容量1.56万万千瓦，年发电量7200亿千瓦·小时；第四位是南美洲的巴拉那河流域；第五位是中国西藏的雅鲁藏布江及其下游印度、孟加拉国的布拉马普特拉河流域；第六位是俄罗斯的叶尼塞河流域；第七位是恒河流域；第八位是澜沧江—湄公河流域；第九位是勒拿河流域；第十位是哥伦比亚河流域。

水能开发状况

人类很早就利用水能了。在古代,人们利用水能来碾米、磨面,车水灌田……然而,直到1878年法国才第一个建立水电站。1936年,美国在科罗拉多河上建成胡佛水电站,坝高221米,装机容量为135万千瓦。20世纪50年代以来,世界水能资源的开发进展很快,形成水电建设的一个高潮。1981年,全世界水电总量已超过1.7万亿度,比1950年增长近4倍。

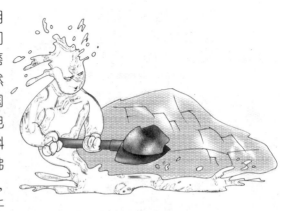

1983年,全世界的发电总量为8.723万亿度,其中水电占1/5强。目前,全世界水电装机总容量约4亿千瓦,仅占可利用资源的18%。发达国家水能资源利用比较充分,虽然他们只拥有可开发水能资源的38%,但开发利用程度很高,如瑞士99%,法国93%,意大利为83%,德国76%,日本67%,美国44%。发展中国家虽然占有水能资源65%,但目前只开发利用4%。

从全世界来看,近30年水电装机容量由约7120万千瓦增加到4.6万千瓦,平均每年增加约1296万千瓦。据估计,世界水能资源的开发利用程度到2010年将为45%,2020年可达85%左右,届时水电装机容量将达到18.5亿千瓦。

水能发电的方式

　　水库电站是一种常用的开发方式,在水能资源丰富的河段,筑高坝提高水头,利用落差,调节径流进行发电。这种电站一般多是修筑在峡谷地带,河流两岸高耸,河床狭窄,筑坝拦截江水水位升高后侵占良田不多。目前世界最高的土石坝在俄罗斯,高325米,布拉茨克水电站的库容达1693亿立方米。据统计,库容在1000亿立方米以上的有近10座,其中最大的是乌干达的欧文瀑布,总库容为2048亿立方米;设计机容量在450万千瓦以上的大水电站有15座。中国长江三峡水电站建成后,将是世界上最大的水电站了,装机容量达1820万千瓦。

　　引水式电站适用于难于筑坝、落差较大的山区开发,用于高水头水电站。

　　有些河段虽然水能资源丰富,但受淹没损失的限制,不宜筑高坝,只好采用低水头(1~20米)的径流电站。径流电站开发的方式,是靠天然径流发电,没有调解能力,这种电站与其他水库电站和火电厂配合供电最为经济。

　　抽水蓄能电站由上、下两个水库和位于下水库边的水轮发电机水泵站组成。当电网负荷较低、火电站有剩余电力时,水泵将水由下水库抽至上水库。到用电高峰时,从上水库把水放出,经水轮发电机发电。

水电的特点

水电站对水能的有效利用率远比以煤炭为燃料的火力发电站的有效利用率高得多。一般火力发电站煤炭的有效利用率只有30%左右，而小型水电站可以达到60%～70%，大中型水电站则可高达80%～90%。

水力发电的生产成本低廉。水力发电利用天然河流中的水能，不消耗水量、无须购买、不需要运输和储存燃料，同时省去除尘、除硫等设备的费用，所以水电的生产成本比火电低得多。水电站的水库可以综合利用。除发电供给能源以外，水库还有防洪、农业灌溉、航运、供水、养殖水产、改善环境、发展旅游等综合利用功能。合理分摊投资，可进一步降低水电的成本。

水电站和抽水蓄能电站的动态效益较大。水轮发电机组起停灵活，增减出力快，出力可变幅度大，水库中或多或少的蓄能，是水、火、核联合供电系统中理想的调峰、调频、调相和事故备用电源。

水力发电受流量变化的影响，常与用电需要不相适应。因此，水电站通常需建水库，以调节径流，改善发电性能。在电力系统中，水电常与火电、核电配合供电，以适应需要。水能，还是一种洁净的可再生的能源。现代化的水电站，环境比较洁净，没有污染，机械化和自动化的水平较高，便于管理。

建造梯级电站

世界上有些河流很长，达数千千米；有的河流从源头到河口，落差很大，可达数千米。在这坡降大、落差大的河流的上游、中游，在有利的地质、地形、水文等自然条件和技术经济条件适合的地段，筑坝拦水，实现梯级

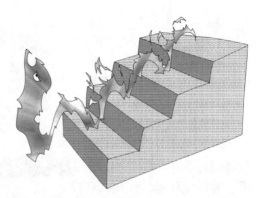

开发，一水多用，分段发电。例如中国的黄河上游、苏联的伏尔加河、美国的密西西比河支流田纳西河等，都兴建了一系列水电站。

中国的黄河源远流长，总落差 4400 多米，蕴藏着丰富的水力资源，据计算，仅黄河干流就可发出 2600 多万千瓦的电力，主要集中在上游河段。伏尔加河上已修建的水库总面积近 4 万平方千米，总库容为 280 多立方千米。从上游至下游建成十多座水电站，主要有伊力诺夫、乌格利奇、雷宾斯克、高尔基、切博克萨雷、卡马、沃特金斯克、下卡马、古比雪夫、萨拉托夫、伏尔加格勒等，每年总发电量在 400 亿度以上。

美国密西西比河水力资源的总蕴藏量有 2630 万千瓦，主要分布在东岸支流俄亥俄河及其田纳西河上。20 世纪 30 年代以来，美国对田纳西河流域实行区域规划和全面治理开发，先后建起 49 座大小水电站，加上后来陆续兴建的火力电站和核电站，总发电能力近 3000 万千瓦。目前，田纳西河已成为美国水能开发比较充分的河流。

煤炭的发展史

煤炭是一种应用历史悠久的常规能源。它在地下的蕴藏量十分丰富,据估计,按当前的消耗水平,还可用3000年以上。

煤是能源,燃烧时放出来的热量很高。1千克煤完全燃烧时释放出的热量,如果全部加以利用,可以使70

千克冰冻的水烧到开始沸腾。在矿物燃料中只有石油和天然气比得过它。它的发热能力比木炭大0.5倍,比木柴高1~3倍。

18世纪,蒸汽机的发明,使热能转变成机械能,把手工业操作推进到大机器生产,从而促成了第一次产业革命。当时的蒸汽动力在工业上,特别是交通运输业中,占有很重要的地位。而蒸汽动力就是把煤放入煤炉燃烧,把锅炉里的水烧成蒸汽,再推动蒸汽机来做功的。在火力发电厂里,电是靠燃烧煤生产出来的。煤把锅炉里的水烧成蒸汽,蒸汽推动汽轮机,汽轮机带动发电机,发电机就发出电来。在这里,煤的热能变成为电能,供人们在生活和工业中利用。

炼铁事业的发展是同采煤事业的发展分不开的。过去,冶炼1吨生铁,往往需要400~600千克焦炭。而焦炭正是由煤炼成的。焦炭不仅是炼铁的燃料,而且也是炼铁的原料——还原剂。甚至生产铁合金、铸铁件、碳化物,以及冶炼其他有色金属,也要直接或间接使用煤作燃料或原料。

煤是万能原料

　　煤是有机化工原料，近几十年来，随着社会生产和科学技术的进步，人们已经越来越多地注意到了煤在化工方面的用途。例如，1吨好的炼焦煤，经过高温焦化，可以得到700~800千克焦炭(固体)、30~40千克的焦油(煤焦油)和100多千克的焦炉气(焦炉煤气)。100多年前，人们把焦油当成废物扔掉。19世纪中期以来，有机合成化学工业兴起，人们才发现焦油的成分非常复杂，后来测出它由480多种成分组成。于是焦油就成了有机合成化学工业珍贵的"原料仓库"，它是用来制造千百种化工产品的原料。用它可制成2000多种合成染料，各种各样的不同香味的香料、合成橡胶、各种塑料、合成纤维和许多农药、化肥、洗涤剂等，还有沥青、溶剂、油漆、糖精、萘丸……难怪有人称誉煤炭是"万能的原料"。如果把煤用来作燃料烧掉，后人是会骂我们的。

　　焦炭除作冶金高炉的"粮食"外，还是制造煤气、电极、合成氨、电石的原料，电石除用于点灯照明和切割、焊接金属外，还是生产塑料、合成纤维、合成橡胶等重要化工产品的原料。

　　煤炭综合利用，可使质量很差的煤也找到了出路，减少了资源的损失和浪费。综合利用还有利于消除公害，减轻环境污染。

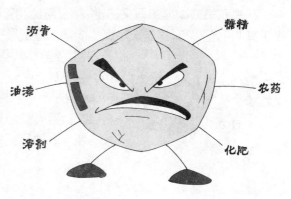

沥青　糖精　油漆　农药　溶剂　化肥

煤是能源冠军

科学家们普遍认为,当今世界能源的构成可分为三大类:矿物燃料、核能燃料和其他能源。

在第一次世界大战前,煤曾居世界能源利用的首位。后来,由于石油和天然气开采量不断上升,煤炭在能源中的地位开始下降,随着20世纪60年代,中东地区石油的大量开发,煤退居于第二位。但是,由于受到20世纪70年代初和1979年两次能源危机的影响,许多国家为减少对石油的依赖,再次关注煤炭,力求增加煤炭的开采利用。预计在今后相当一段时间内,煤炭作为主要的能源,地位还将进一步加强。

煤炭作为主要能源的原因之一,是它的储量相当丰富。据估计,地下埋藏的石化燃料约90%是煤,世界煤炭的总储量约为10.8万亿吨,有的认为有16万~20万亿吨,甚至认为地质储量可达30万亿吨。按当前的消耗水平,可用3000年以上,其中在经济上合算并且用现有技术设备即可开采的储量约6370亿吨,按目前世界煤年产量26亿吨计算,大约可以开采245年。

在化石燃料中煤的可采储量、储量寿命和潜在储量寿命,都远远大于其他化石燃料,这是决定煤的能量地位的最主要因素。虽然当前

石油能源已跃居世界首位,但储量比煤少。据统计,世界石油储量为5500亿~6700亿桶,仅可供应25~40年用。另外,煤在世界区域分布较广泛,不像石油那么集中,为它世界的广泛使用提供了方便。

煤的综合利用

在烧煤之前，先把煤里有价值的物质用化学加工的方法提出来，使煤里的热能和有用物质都能得到充分的利用，这就是煤的综合利用。早在200年以前，炼焦得到的焦油曾经被涂到木材和金属上，用来防止腐蚀，这可以算是煤炭综合利用的开始。到19世纪后半叶，人们用焦油里的成分制造合成染料成功，这是用煤作化工原料的开始。目前，不少国家和地区，在煤炭的使用上，存在着严重的浪费现象。例如用煤做燃料直接燃烧，这是一种极大的能源浪费。煤直接燃烧有三种不利之处：煤是固体，直接燃烧利用率低；煤中含有不少有害元素，燃烧时会变成有害气体，造成严重的环境污染；煤中不少宝贵的化工原料被白白地烧掉，不能从中提取。煤的综合利用是减轻环境污染、充分利用能源资源的有效方法。把煤变成液态或气体燃料，使用方便、干净，还可提高使用效率。在气化和液化过程中，煤的硫分可以脱掉绝大部分，这就大大减少了燃料燃烧后的有害气体。特别是，从煤中可提取不少宝贵的化工原料，如化肥、农药以及好多种轻化工原料等。

煤的综合利用途径是多种多样的，不少新的方法正在研究气化和煤的直接化学加工。

褐煤用处多

　　一提起褐煤，人们就会认为它质量不好，用处不大。其实褐煤的用途十分广泛，不仅可以作动力燃料，而且还可以用于气化、液化、炼焦和提取化工产品；同时，褐煤储量丰富，一般埋藏较浅，构造简单，开采成本相对较低。因此，世界各国都日益重视褐煤的勘探和开发，产量不断增加。

　　目前，世界褐煤产量的大部分用于发电。由于褐煤的发热量较低，且水分含量高，发电耗煤量大，一般都在矿区附近建坑口电站。近年来，有的国家还将褐煤干燥破碎，制成粒度在 0.1 毫米以下的干燥褐煤粉，成为易燃性很强的燃料，用于高炉喷吹，可节省焦炭。

　　在高温下，褐煤与气体(如氧、二氧化碳)具有较强的化学反应性，能使煤中的有机质转变成可燃气体。目前已有不少国家，用褐煤生产城市民用煤气和合成原料气，有的国家用褐煤生产的煤气占城市煤气总消费量的 60%以上。煤气的发热量可达每立方米 4000 大卡，完全合乎要求。用褐煤生产的合成原料气，是重要的有机化工原料，可以制取氮肥、氢气、塑料和甲醇等化工产品。

　　褐煤含有丰富的褐煤蜡和腐殖酸。低级褐煤的蜡和腐殖酸含量可分别达到 12%～15%、35%～40%。褐煤蜡是制造涂料、油漆、橡胶添加剂、润滑油和高级蜡纸的原料。

粉煤灰是个宝

火力发电厂的烟道中每天都要产生出极大数量的粉煤灰。过去，通常将这些粉煤灰废弃，后来人们发现用粉煤灰可以制砖，也可以做成矿山喷射水泥等，才开展了粉煤灰资源化的研究。

煤是由植物生成的，所以粉煤灰的成分同草木灰一样，含有植物生长发育所必需的营养物质。粉煤灰的元素组成因煤的来源不同而有所不同，其主要成分为硅、铝、铁、钙、镁以及未烧尽的碳和磷、钾、钠。此外，粉煤灰还含有多种微量元素，如硼、锰、铜、锌、钼、钴、钒等。粉煤灰不仅可以做肥料，而且也是良好的土壤改良剂。用于黏土可以疏松土壤，用于盐碱地还有改造作用，用于沙土可以增加保水性。

试验表明，粉煤灰是一种含有多种元素的复合肥，可以作为缺乏这些元素的土壤和酸性土壤的补给肥源。另外，有一定的吸附性，可以与城市垃圾、粪便、秸秆等有机物一起作为堆肥。粉煤灰还可以用作北方早稻育秧、蔬菜育苗的覆盖物，以提高土壤表层的温度，利于培育出壮苗。用粉煤灰作为根瘤菌的载体，以粉煤灰为基质，加入植物生长所需要的常量、中量、微量元素，制成全营养成分的硅酸质复混肥料；用粉煤灰作为花卉的基肥，促进花卉的生长，促使其株高、叶茂、花多，可代替牲畜肥。

把煤变成煤气

　　无论哪种煤全都是固体,使用和运输都不方便。直接烧煤,热效率低,浪费大,同时还会放出二氧化硫和氧化氮等有害气体,严重污染环境。为了改变以上状况,人类不能再把那么多的煤炭直接烧掉了。随着人类文明的发展,最好的办法就是把固体的煤炭变成气体,或者变成液体来使用。这样既可以提高热效率,又不会污染环境。煤的气化,就是借助水蒸气、空气或者氧气等气体,在高温条件下,把煤炭里的大分子结构打碎,变成小分子的可以燃烧的气体。

　　在煤的气化工业中,从煤里提取出来的煤气,有的用作燃料,成为优质高效,无污染的能源,有的成为化工原料,制成各种化工产品。

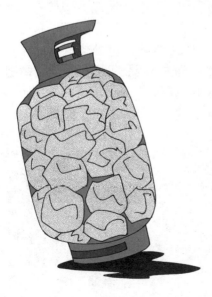

　　如果气化所生产的煤气是用来作燃料,那就必须使煤中的碳同水蒸气的氧发生化学反应,即以碳氧的反应为主,第一步先生成氧化碳,然后让它再同水蒸气继续发生化学反应,生成氢气和二氧化碳混合气体,经过洗涤,除去二氧化碳,剩下比较纯净的氢气。最后,它再同煤中的碳发生化学反应,生成的就是人们需要的气体燃料——甲烷气。

　　如果气化生产的煤气是用来作化工原料,就应该减少甲烷的含量,增加氢气的含量。

煤的气化产物

煤的气化产物与其他的汽化燃料相比，有哪些不同之处呢？

天然气是蕴藏于地层中的烃和非烃气体的混合物，包括油田气、气田气、煤层气、泥火山气和生物  生成气等。当前人们已发现和利用的天然气有六大类：油型气、煤成气、生物成因气、无机成因气、水合物气和深海水合物圈闭气。我们日常所说的天然气，是指常规天然气，包括油型气和煤成气。这两类天然气的主要成分是甲烷等烃类气体。

液化石油气，在 7~8 个大气压力下，液态的丙烷、丁烷、丙烯、丁烯，遇常压后变为气态。

油制气，在石油热裂化、催化裂化中生成油制气，比空气轻 50%~70%。

煤制气，一种是干焦炉煤气，以氢、一氧化碳为主，比空气轻；另一种是发生炉煤气，以一氧化碳、氢为主，甲烷少，热值低，比空气轻。

煤的气化产物则是氢、一氧化碳和甲烷等可燃的混合气体组成。煤气化，就是用蒸汽、氧气或空气为气化剂，在高温下与煤发生化学反应生成的气体产品，包括城市民用和工业用燃料气、发电燃料气、化工原料气等。

煤的地下气化

让埋在地层下的煤，在地下煤层中直接气化后引出煤气。煤的地下气化原理是：先从地面打钻井到煤层，通过钻井压入空气将煤点燃，煤层部分不完全燃烧，形成煤气，气化区域产生的煤气从附近的另一钻井引出抽回地面。或者从地面压入高压氢气，使氢气掺入煤层，在高温下煤和氢气反应生  成气体燃料。这种地下气化法不需要复杂的采掘机械，不需要挖坑道、设竖井，工人不需要地下作业，劳动强度低，工作条件获得很大改善。尤其对于薄煤层、深层煤和劣质煤矿很有吸引力。煤能够在地下气化，这是煤炭工业的一场革命。目前的困难在于地下反应不易控制，煤气产量不稳定，另外对地下水的污染问题还没有解决。

煤的地下气化，是 1863 年英国学者威廉西门最早提出来的。在这 100 多年的时间里，世界各国，特别是苏联、美国、英国、德国、日本、法国等均进行了煤炭地下气化试验。目前有的国家已开始探索深层煤炭地下气化试验。

当前，煤的气化方法已经引起世界各国的关注，特别是像中国、美国等煤储量十分丰富的国家，更是特殊加以关照。这是因为煤的气化能够提高热的有效利用率，对环境的污染也小，并可充分利用低值高硫的煤炭资源。

煤成气的前景

煤和煤系地层形成过程中产生的天然气,称为煤成气,俗称瓦斯。是一种高效、优质、清洁的燃料和化工原料。其成分以甲烷为主。1立方米煤成气产生约8500大卡热量,比1千克标准煤的热量还高。

煤成气是腐殖质在煤化变质过程中热分解的产物,随着煤化变质程度的增高,释放出来的气量也随之增加。煤化过程中形成的大量煤成气,大部分逸散在大气中。一部分以煤层本身为储气层,以吸附或游离状态赋存于煤层的孔隙、裂隙中,称为煤层气。这种气一般储量较小。每吨煤吸附的瓦斯量的多少,取决于煤的种类、温度、压力、裂隙度、埋藏深度、有无露头和相邻地层的渗透性等因素。另一部分煤成气则在适当的地质条件下,运移到其他地层,如砂岩、石灰岩中储存,在"生、储、盖"适合的条件下,便聚集成气藏。这种煤成气储量都较大,往往形成有工业价值的气田。

据统计,全世界已探明的天然气储量和大气田绝大多数为煤成气类型,且特大气田的前5名都为煤成气形成。目前,各工业国家在采煤的同时,都将抽放的瓦斯用管道输送出来加以利用,每年抽放量超过35亿立方米。其中俄罗斯12.3亿立方米,德国6.9亿立方米,美国5亿立方米,日本2.8亿立方米,中国3亿立方米。

煤能液化成石油

早在第一次世界大战期间，交战双方都痛感石油的重要，贫油的德国千方百计地企图把煤变成石油一样的液体燃料，即人造石油。德国科学家的努力，为煤的液化奠定了初步基础。煤的液化，是在一定的工艺条件下，通过化学反应，把固体的煤变成液体燃料。煤怎样能变成石油呢？原来煤和石油都是由碳、氢及少量其他元素组成，但这些元素的比例不同，煤的分子量也比石油大得多。

煤炭跟石油的另一个主要区别是，它们所含的碳原子的数目和氢原子的数目之比各不相同，煤炭大约是石油的2倍。也就是说，煤里的碳原子的数目比石油的多，而氢原子的数目却比石油的少。但是，煤里的氧原子和氮原子的数目又比石油的多很多。另外，从分子结构上来看，煤里的碳原子主要是环状形式结合在一起的，而石油的分子结构却主要是链条式。因此，科学家选择一定的条件，像高温、高压等条件，往煤分子里加进大量的氢元素，把煤的大分子变成小分子，使它的结构跟石油差不多。这就是煤的液化原理。煤的液化反应实际上很复杂，要在 400℃ ~480℃，100 个大气压到 300 个大气压的条件下，才能够进行。煤受热后，有一部分直接变成油，一部分先变成一种不太稳定的中间产物——"沥青烯"，沥青烯再与氢气反应生成油。

126

煤的液化技术

煤的液化技术,从开发到现在,已经近一个世纪了。研究的工艺不下几十种。大体上可以分成两大类:一类是直接液化法;另一类是间接液化法。直接液化法,就是把煤和溶剂混合在一起,制成稀粥一样的煤浆,经过加氢裂解反应,直接变成液体的油,目前许多国家都在积极探索和研究这种方法。间接液化法,不是直接得到液体油,而是先把煤炭变成一氧化碳和氢气,也就是煤的气化,然后再把这两种混合气体合成为液体燃料。现在这种方法已经开始工业化生产。

液化煤炭技术的几种方式如下:

(1)间接液化法(费托法)。先在气化器中用蒸汽和氧气把煤气化成一氧化碳和氢气,然后再在较高的压力、温度和存在催化剂的条件下反应生成液态羟。

(2)氢化法。分直接加氢液化法和溶剂萃取法两类,是煤炭液化技术的研究重点。

(3)热解法。也称炭化法,是从煤获取液体燃料最老的一种方法。如炼焦和生产城市煤气时得到的副产品,煤焦油经过加氢精制就可以得到液态产品。但是,现在研究热解法的目的已经成为获取液态产品的手段了,而固态和气态产品则仅仅是这种方法的副产品。

用煤发电新方式

当前，世界上的主要能源是什么呢?是煤炭。因为世界上煤炭的储量比石油和天然气的储量要丰富得多。所以，能源科学家乐观地估计，煤炭将要进入第二个大发展的"黄金时代"。既然如此，人们就得想方设法合理而有效地利用煤炭资源。其中开发燃气和蒸汽联合循环发电技术，就是一种高效率利用煤炭资源的方式之一。

近年来，世界各国都十分重视探索新型的用煤发电方式，并且已取得了可喜的成果。综合看来，正在研究中的新型烧煤发电技术，主要有三种：一种是建立在煤气化基础上的燃气和蒸汽联合循环发电；第二种是烧煤的磁流体和蒸汽联合循环发电；第三种是建立在煤气化基础上的燃料电池和蒸汽联合循环发电。

这里着重介绍燃气和蒸汽联合循环发电装置，它的结构简单，体积小，重量轻，造价低，启动快，维修方便，冷却用水也少。它的工作原理是，液体燃料或者气体燃料跟压缩空气混合，燃料所产生的高速度的燃气直接吹着燃气轮机的叶片转动，然后带动发电机发电。这样它比蒸汽轮机发电少了一个能量转换过程。

燃气和蒸汽联合循环发电的热效率比传统的火力电站的热效率高15%，每年可以节省大量的燃料。所以说，这种联合循环发电是改造传统火力电站的一种好办法。

石　油

　　石油是一种液态的矿物资源，它的可燃性能好，单位热值比煤高1倍，还具有比煤清洁、运输方便等优点。石油既是能源，又是重要工业原料。石油是现代工业的"血液"。

　　石油是一种可燃的油质黏稠液体。主要由碳氢化合物的混合物组成。其化学成分主要由碳、氢、氧、氮、硫等组成。其中碳和氢占了98%以上（碳占84%～86%，氢占12%～14%）。碳和氢不是呈自然元素存在，而是组成各种碳氢化合物，如烷族、环族和芳香族等。

　　石油的颜色和它的成分有关。从油井中吸取出来，未经提炼的石油（称为原油），通常是不透明的暗褐色或黑色，但也可能是透明的红色、黄色，甚至是白色（巴库油田所产的原油，有的呈白色），并且有的还带有蓝色或绿色的闪光，从石油的颜色可以看出它的品质好坏。颜色越深，残渣越多；颜色越浅，残渣越少。

　　石油的比重都比水轻，一般在0.75～1，按石油比重的大小，将石油区分为很轻的石油（比重0.7～0.8）；轻石油（比重0.8～0.9）；重石油（比重0.9～1）。比重越小的石油价值越高，色深的黏度大的石油，比重则大。

　　石油是黏稠性的，不同油田的石油黏度变化很大，比重大而温度低的石油黏度较大，而黏度的大小影响油管内输油的速度。大庆油田的石油黏度就大。

石油的生成

　　在古代的浅海和湖泊里，生长着很多藻类植物和低级小动物，它们死后，遗体沉积在水底，日久天长，尸体的上面又沉积了许多泥沙。年代久了，泥沙经受压力，便胶结起来，成了岩层，压在动物、植物尸体上，这时生长在海底的细菌，因为要从尸体中吸取氧气来生长，便把尸体分解，于是将动植物的有机质变成了碳氢化合物和蜡质、脂肪、胶质等。其中气体的碳氢化合物变成了天然气；蜡质、脂肪、胶质再经过细菌分解，同时又受着压力和地热的作用，经过千万年的变化，最后成为油滴，在沙土的空隙中保存下来。石油大多数聚积在砂岩、粗砂岩、砾岩、富于裂隙的石灰岩里，这种聚积石油的岩层，叫作"聚油层"。

　　含油地层如果受到某种压力的作用，就会断裂，或向上弯曲，或向下弯曲，形成"褶曲"。当含油层的顶板和底板都是不透水层时，由于石油比水轻，就向含油层的顶部移动，这样，含油层的最顶部即为天然气富集区，下面即石油富集区，而形成油气田。

　　人们从油气田里将石油开采出来，这就是天然石油（原油）。由于原油中碳氢化合物（化学简称烃）是混在一起的，不能直接使用，所以要进行各种加工。使之变成汽油和柴油，同时还可以得到一部分化工原料。

石油是工业的血液

中国大庆油田开采出的原油,是一种含硫低,含蜡高的优质原油,可以炼制出许多高质量的石油产品,有汽车用的汽油,点灯用的煤油,以及拖拉机用的柴油、喷气式飞机用的特种油,各种发动

机用的润滑油,还有石油焦等,此外,还生产石蜡和乙烯等。

石油是优质的动力燃料。一千克石油燃烧,可产生约 4 万焦耳热量。现代工业、国防、交通运输对石油的依赖程度是很大的,飞机、汽车、拖拉机、导弹、坦克、火箭等高速度、大动力的运载工具和武器,主要是依靠石油的产品——汽油、柴油和煤油作为动力来源。

从石油中可以提炼出来各种润滑油和润滑脂。把润滑剂放进机器里边,可以减少机械的磨损,保护零件,延长使用寿命。

石油还是重要的化工原料。人们的衣食住行都离不开石油产品。有人统计,目前石油的产品超过 5000 多种,已渗透到人类生活的所有领域。例如,三大合成材料:合成纤维、合成塑料、合成橡胶,都是用石油作原料,经过多次化学加工生产出的产品。商店里五颜六色的塑料产品、琳琅满目的的确良衣物、腈纶毛线、轻毛毯等,都是石油的新贡献。

陆相生油理论

所谓"陆相"，就是指大陆上的湖泊、沼泽、河流环境。李四光、黄汲清认为，在地质时代的湖泊里，例如在新生代的松辽盆地、四川盆地、华北平原、江汉平原、柴达木盆地、塔里木盆地等等，都是巨大的湖泊，湖水里有机物质十分丰富，不少于海洋中的有机物质，它们死亡后，同其他沉积物一起沉积下来，经过厌氧细菌的作用，同样可以生成石油，这就是陆相生油理论。

陆相生油理论是中国地质学家，根据中国的地质条件提出来的，是一种崭新的理论。用这种理论作指导，在中国的松辽平原、四川盆地、塔里木盆地、柴达木盆地、华北平原、江汉平原等地，先后找到了一个个油田，为中国的经济建设立下了汗马功劳。

1959 年，大庆油田的发现，是中国石油、天然气勘查的重大突破，为中国 1960 年以后实现石油基本自给奠定了基础，不仅甩掉了中国贫油的帽子，而且带动了 20 世纪 60～70 年代中国东部和中部一系列油田的发现，如辽河、大港、胜利、华北、中原、江汉油田等等，使中国在 20 世纪 70 年代末石油产量突破 1 亿吨，进入世界产油大国的行列。

中国的石油资源

据不完全统计，在全国范围内开展油气调查达300万平方千米，发现含油气盆地340多个，经过钻探的盆地有30个，在其中15个盆地里发现大小油田近300个，气田140个，根据专家们的预测，全国石油资源估计有600多

亿吨到700多亿吨，天然气有30多亿立方米。据美国《油气杂志》估计，中国石油的最终可采储量超过150亿吨。而目前总采出量才10多亿吨，潜力很大。

中国石油资源的情况，同美国大体相似。美国含油气盆地中，面积大于10万平方千米的也有10个，陆地上沉积岩总面积为469万平方千米，沉积岩总体积为2101万平方千米，最终可采储量为153亿吨。由于美国含油盆地勘探程度高，而且到1979年底已经采出石油60亿吨，所以最终可采储量的预计比较接近实际。

中国同美国的石油可采储量都在150亿吨以上，而美国已经开采一半左右，中国才开采不到1/10，所以说，展望中国的石油资源，前景是非常乐观的。从产量上看，中国与美国的情况也有类似的地方。美国从1859年开始年产仅300吨，到1923年达到1亿吨，1970年达最高峰，为53 088万吨，以后就逐渐降低，1973年降到5亿吨。而中国1907年年产量不足100吨，到1978年达1亿吨。

世界石油资源

据美国地质调查局的统计和预测，到目前为止，全世界累计采出原油640亿吨，已探明的剩余可采储量约1030亿吨。用概率法估算未被发现的可采储量为460亿~2020亿吨，中值为790亿吨。世界最终潜在采油量可达到2460亿吨，在2030年以前，可满足目前原油开采速度的需要。

据统计，全世界已采出天然气37.18万亿立方米，已探明的剩余天然气储量约为90.36万亿立方米，远景储量预测为143.88万亿立方米。世界天然气总资源量约为271万亿立方米。按目前消费量计算，已探明储量可维持到2040年，总资源量可维持到2131年，比原油资源的情况要好。

一般说来，地层中的石油和天然气的蕴藏量不可能十分准确地估算出来，因为地质勘探投资很大，而且通常要在找到油气田并开采30年后才开始获利。因此，全球石油和天然气储量将永远只是一个概数。

有些能源专家指出，由于石油开采技术的发展，还可以增加石油供应量。石油储量的可采率一般为25%。后来，人们通过把水或天然气注入油层，保持油层的压力，使石油储量的可采率提高到32%。这叫作二次回收技术。此外，还有一种叫三次回收技术，即把蒸汽或化学药品注入油层，减少石油的黏性，使之易于流出，提高可采率。

原油和石油产品

在国际上,石油一般分为原油和石油产品两大类。人们一般所说的石油产量,主要是指从油井中取出的尚未经过加工的原油。石油产品是指原油经过加工的各种产品,其中包括液体燃料油、润滑油等。

石油产品可以分为能源和非能源石油产品两类:能源石油产品,包括液化石油气、航空用汽油、普通汽油、煤油等;非能源石油产品,包括石脑油、石油溶剂、粗石蜡、润滑油、沥青和各种石油化工产品等。

原油的成分很复杂,除各种液态的碳氢化合物以外,还含有水和氯化钙、氯化镁等各种盐类。这些成员的性质各不相同,混在一起很难直接利用,就是作为燃料,也要经过提炼和加工。经过脱水脱盐后的石油,成分主要是含烃类的混合物,它们没有固定的沸点。在烃分子中含碳原子数越少的沸点越低,相反沸点越高。因此,在石油加工时,低沸点的烃先汽化,经过冷凝先分离出来,一部分呈气态,叫炼厂气,另一部分呈液态,这就是汽油。随着温度的升高,较高沸点的烃再汽化,经过冷凝也被分离出来,分别是煤油、柴油、重油。

石油在炼油厂经过提炼,可以得到汽油、煤油、柴油、润滑油、凡士林、石蜡、沥青、液化石油气、重油等石油产品,它们成为石油家族的第二代。

近海多石油

　　广阔的海洋,按照海水的深浅,可分为大陆架(即近海区,水深为 200 米以内)、大陆斜坡(水深 200～2000 米)和大洋区(水深为 2000～6000 米)。近海区指大陆上的第三级阶梯继续向海面以下延伸的浅海区,即在地图上用浅蓝色标出的地区。该区水浅,又是海浪、潮汐、海流活动平凡的地带,空气比较充足,水温较高,而且上下水温相差不大,阳光能够穿透整个水层,再加上又有从陆上江河带来的大量养料,因此,成为海生生物繁殖的地区,是海底最繁华的世界。据统计浅海区的生物总量为深海生物总量的 15 倍,大量的有机质被江河从大陆上带来的泥沙快速掩埋起来,为石油的储存准备了仓库,这就是石油和天然气资源多蕴藏在近海域的原因。

　　世界大陆架区面积约 2800 万平方千米,近海含油气盆地约 1600 万平方千米,其中有开发远景的面积达 500 多万平方千米。估计蕴藏量达 1300 亿～1500 亿吨,约占世界石油地质总储量的 2/5,而目前探明储量仅 270 多亿吨(占世界石油探明储量 957 亿吨的 1/3)。天然气蕴藏量为 140 万亿立方米,探明储量约 96 万亿立方米。现已发现 820 多个海洋油气盆地,共计有 1600 多个油气田。近 20 多年来,全世界发现的新油气田有 60%～70% 是近海域,其中大部分在大陆架区。

石油用途在扩大

从油田和矿区开采出来的原油被运送到炼化厂，由炼化厂加工成人们需要的能源产品。在整个石油炼制过程中，一次加工、二次加工的主要目的是生产燃料油品，三次加工则是生产

化工产品。由于加工石油所需求的产品结构不同，一般把炼油厂分为燃料型、燃料——润滑油型和燃料化工型。

石油直接作燃料使用是不经济、不合理的。从发热值观点看，2吨煤炭等于1吨石油。要经济合理地利用能源，应尽量用煤炭代替石油，而不应用石油代替煤炭。更主要的是，石油作为产业的面包，文明的血液，是一种非常宝贵的矿产品。

利用石油可以制造出很多有机化合物，如药品、染料、炸药、杀虫剂、塑料、洗涤剂及人造纤维。英国工业用的有机化合物，80%来自石油化工。由于裂化过程中所产生的乙烯容易与其他化学物质化合，因此可用来制出大量石油化工产品。裂化过程中还有丙烯、丁烯、石蜡和芳香剂等其他主要产品，由这些产品又可制出数以百计的石油产品。

随着科学技术的发展，碳氢化合物，还可以制造人造食用蛋白，可以作有机化学工业原料和无机化学工业原料。

石油的新希望

由于世界新技术革命对石油工业的巨大影响,可促进勘探石油领域的扩大,石油储量的增长,可使采油率提高,同时也可使石油冶炼技术的革新,石油回收率的增长。

世界上还有很多有利地区等待勘探,依靠先进技术,能打开广阔的找油采油新领域。目前,一方面,一些地区自然条件差,工作难度大,如海湾、两极地区、沙漠、沼泽等,有了先进的技术装备与方法,就可以战而胜之。另一方面,对已勘探开发的老区,重新评价、重新作勘探工作,成了一种世界性的趋向。当然这不是一般意义上的重复,而是利用新理论、新方法、新技术重新认识与改造。

依靠新的技术,使过去"非常规资源"升级变为具有经济性,也是近年来的重要动向,如对高比重原油资源,尤其是委内瑞拉东部奥里诺科重油带的开发,在这方面是一个很大的推动。目前经济条件及技术水平尚不能工业开采的"非常规石油""非常规天然气",在世界各地分布甚广,现在也越来越接近被开发利用的边缘了。

海洋开发石油、天然气,是在特殊的自然环境和工作条件下进行,就决定了海上石油勘探开发必然就是技术高度密集型的。由于海洋石油勘探技术的兴起,使海底石油和天然气的勘探与开采得以实现,这样,地球上的石油储量将大幅度地增加。

化石燃料前景好

1965 年时，大家公认世界探明的石油总储量是 490 亿吨，而 1971 年这个数字上升为 850 亿吨。1975 年，由于对沉积岩的认识有了进一步的提高，大量的新油田相继发现，石油总储量又超过了 1000 亿吨。现在比较公认的估计数字总储量是在 2700 亿~3000 亿吨。已探明的资源是 880 亿吨；已探明天然气总资源量为 90.54 万亿立方米。因此，普遍认为：石油能够开采 34 年，天然气能够开采 47 年。从第十一届世界石油会议多数人意见看，石油和天然气的前景是：

(1) 石油时代尚未结束，有可能还将延续 20~30 年，世界石油近期将达到日需求约 1122 万立方米。

(2) 中东及北美未发现的可采石油储量介于 160 亿~500 亿吨，等于目前该地区已发现的可采储量的 44.1%，或等于目前全世界已发现的可采储量的 21.3%。

(3) 由于新技术、新理论的发展，海底石油前景光明。海底石油主要分布在大陆架，它的面积约有 2700 多万平方千米；其次是大陆坡，它的面积约有 3800 多平方千米。这里是人们向海洋探寻油气宝藏的场所。目前，全世界石油总产量中，将近 20% 来自海底，海底天然气接近总产量的 12%，未来海洋很有可能为人类提供 50% 的石油。

天 然 气

　　天然气是世界上继煤和石油之后的第三能源,它与石油、煤炭、水力和核能构成了世界能源的五大支柱。

　　天然气是蕴藏在地层中的烃和非烃气体的混合物,包括油田气、气田气、煤层气、泥火山气和生物生成气等。世界天然气产量中,主要是气田气和油田气。对煤层气的开采,也已逐渐受到重视。

　　目前在世界能源结构中,天然气占25%,预计再过10年左右,天然气将异军突起,可能增长到35%,甚至成为主要能源之一。天然气的主要成分是甲烷,其氢碳比高于石油,本身就是优质清洁型燃料,是目前世界上公认的优质高效能源,也是可贵的化工原料。天然气具有较大的压缩性和扩散性,采出后经管道输出,也可以压缩后灌入容器中使用,或制成液化天然气。开采天然气的气井存在压力差,利用这种压力差可以进行发电。

　　天然气有许多优点:不需重复加工就可直接作为能源;加热的速度快,容易控制,能够随意地送到需要使用的区域;质量稳定,燃烧均匀,燃烧时比煤炭和石油清洁,基本上不污染环境;用作车用燃料,二氧化碳排放量可减少近1/3,尾气中一氧化碳含量可降低99%。此外,天然气的热值、热效率均高于煤炭和石油。

天然气的种类

当前人们已发现和利用的天然气有六种之多，它们是：油型气、煤成气、生物成因气、无机成因气、水合物气和深海水合物圈闭气。我们日常所说的天然气是指常规天然气，它包括油型气和煤

成气，这两类天然气的主要成分是甲烷等烃类气体。天然气中还有一些非烃类气体，如氨气、二氧化碳、氢气和硫化氢等。

(1) 油型气。国际上一些勘探程度比较高的盆地，发现的石油和天然气的蕴藏量大体上相等，即有 1 吨石油的储量，就相应有 1000 立方米的天然气，世界上油气探明储量的平均比值是 1 : 1，如果按此估算，中国与石油资源有关的天然气(油型气)资源应有 78 万亿立方米。

(2) 煤成气。据目前对天然气的研究，煤在生成褐煤阶段，每吨煤约生成天然气 38～68 立方米；从褐煤变成无烟煤的过程中，每吨煤约累计生成天然气 346～422 立方米，每吨烟煤约生成 300 立方米，由于煤对甲烷的吸附能力比泥岩大 70 倍，故煤田瓦斯量不可低估。一般每吨煤中含瓦斯量 6～30 立方米。

(3) 生物成因气。中国近几年在柴达木盆地、松辽盆地、东海盆地，以及渤海湾地区，都发现了生物成因气，可见生物成因气在天然气资源中也有广阔的勘探开发前景。

未来的能源前景

有人说能源已经出现危机了，未来的能源状况又将怎么样呢？专家们认为，现在世界能源结构正在经历第三次大转变，即从石油和天然气逐步转向新能源。

在未来的能源中，太阳能最为引人注目，使用太阳能的新技术、新方法将应运而生，那时将真正感受到太阳能是取之不尽，用之不竭的。其次是氢能，它是未来能源中最有开发价值的能源之一，氢的主要来源是水(淡水和海水)，氢约占水的11%，也可以说是永不枯竭的能源。仅海水中所含的氢发出的热量，就比地球上所产生的热量大数百万甚至数千万倍。按人类目前能耗水平，可供人类使用100亿～200亿年。

水力能，仅世界潮汐在一个涨落循环中所产生的能量，就比全世界所有水电站的发电容量大100倍。

另外就是能量巨大的核能了。现在广泛使用的核电站是第一代——热中子堆核电站。它只能利用铀资源的1%～2%，这只不过是裂变能利用的初级阶段。第二代是快中子增殖堆。这种反应堆现在正处于工业验证阶段。由于它能把铀资源的利用率提高50～60倍。因此，推广快堆核电站，才是跨人了裂变能利用的高级阶段。第三代是聚变堆，目前正处在研究探索当中，可这是最高级的核能。